エース 土木工学シリーズ

エース
水文学

池淵周一
椎葉充晴
宝　馨
立川康人
著

朝倉書店

―――― 書籍の無断コピーは禁じられています ――――

　本書の無断複写（コピー）は著作権法上での例外を除き禁じられています。本書のコピーやスキャン画像、撮影画像などの複製物を第三者に譲渡したり、本書の一部をSNS等インターネットにアップロードする行為も同様に著作権法上での例外を除き禁じられています。

　著作権を侵害した場合、民事上の損害賠償責任等を負う場合があります。また、悪質な著作権侵害行為については、著作権法の規定により10年以下の懲役もしくは1,000万円以下の罰金、またはその両方が科されるなど、刑事責任を問われる場合があります。

　複写が必要な場合は、奥付に記載のJCOPY（出版者著作権管理機構）の許諾取得またはSARTRAS（授業目的公衆送信補償金等管理協会）への申請を行ってください。なお、この場合も著作権者の利益を不当に害するような利用方法は許諾されません。

　とくに大学等における教科書・学術書の無断コピーの利用により、書籍の流通が阻害され、書籍そのものの出版が継続できなくなる事例が増えています。

　著作権法の趣旨をご理解の上、本書を適正に利用いただきますようお願いいたします。

［2025年1月現在］

まえがき

水は太陽エネルギーと重力エネルギーによって絶えず地球上を巡っている．これを水の循環という．海や陸から蒸発した水は雲となり，これが雨や雪となって陸上に降る．一部は再び蒸発するが，残りは河川水や地下水となってやがて海に戻る．この地球の水の分布・循環構造を明らかにし，それと人間活動との関連を明確にする科学的分野が水文学（hydrology）である．

水文学にはいくつかの分野があるが，本書では，水防災や水利用・水環境といった水循環と人間活動との関わりが，流域を一つの空間ユニットとして営まれていることを踏まえ，流域水循環を対象とする水文学に焦点を当てている．

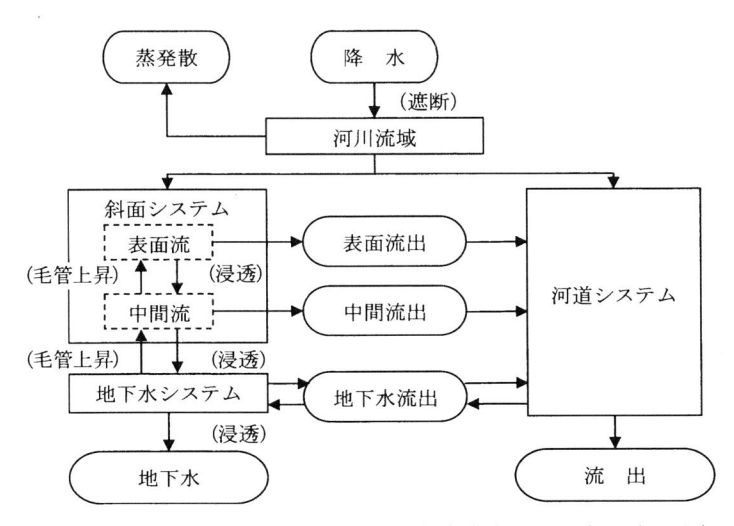

流出システム（水文学，金丸・高棹，朝倉書店，p.97（1975）より）

時・空間上の水循環の振舞いを，ある確かな物理法則または統計法則に従う同質の部分としてとらえ，それらを順序づけて流出システムとして描いたものが上図である．

本書はこの流出システムの流れに沿って流域水循環のダイナミックな応答をその物理過程を基礎に記述したものであり，以下の各章からなっている．

第 1 章　水文学とは
第 2 章　地球上の水の分布と放射
第 3 章　降水
第 4 章　蒸発散
第 5 章　積雪・融雪
第 6 章　降水遮断・浸透
第 7 章　斜面流出
第 8 章　河道網構造と河道流
第 9 章　流出モデル
第 10 章　降雨と洪水のリアルタイム予測
第 11 章　水文量の確率統計解析

　各章では，水文素過程ごとに観測あるいは解析例を示し，基本となる物理過程，その物理過程を踏まえた特性把握と数理モデルを解説している．また，降水－流出システム全体を構造化した流出予測モデルやリアルタイム予測，水文統計解析など，水循環と人間との対応を図る水工計画や水管理に当たっての有用な知見や情報を提供している．

　本書は次世代を担う学生諸君を対象とし，水文学の基礎とその実際問題への関わり・活かし方を意識して記述しているが，研究者・技術者にあっても参考にしていただければ幸いである．

　最後になりますが，執筆依頼を受けながら原稿の提出が数年遅れたにもかかわらず励ましていただいた朝倉書店編集部に深く感謝を申し上げます．

2006 年 2 月

執筆者一同

目　次

1. 水文学とは ………………………………………………………………… 1
   1.1 水文学の定義 ………………………………………………………… 1
   1.2 多様な水文学 ………………………………………………………… 2
   1.3 流域水循環を扱う水文学 …………………………………………… 3

2. 地球上の水の分布と放射 ………………………………………………… 7
   2.1 地球上の水の量 ……………………………………………………… 7
   2.2 地球上の水の循環 …………………………………………………… 8
   2.3 地球大気の鉛直プロファイル ……………………………………… 9
   2.4 太陽放射と地球放射 ………………………………………………… 10
      2.4.1 黒体放射とプランクの法則 …………………………………… 10
      2.4.2 太陽放射（短波放射）と地球放射（長波放射）…………… 10
      2.4.3 地球大気による吸収 …………………………………………… 11
      2.4.4 温室効果 ………………………………………………………… 13
      2.4.5 地球の熱収支 …………………………………………………… 14
   2.5 衛星リモートセンシングによる地球観測 ………………………… 15
      2.5.1 衛星リモートセンシング ……………………………………… 15
      2.5.2 人工衛星データによるグローバルな植生分布 ……………… 16
   2.6 水・熱循環の結合 …………………………………………………… 17

3. 降　水 ……………………………………………………………………… 21
   3.1 水文学における降水過程の役割 …………………………………… 21
   3.2 大気現象のスケール ………………………………………………… 23
   3.3 降水の分類 …………………………………………………………… 25
   3.4 降水のメカニズム …………………………………………………… 26
      3.4.1 大気の上昇機構 ………………………………………………… 26
      3.4.2 降水・雲物理過程 ……………………………………………… 29

3.5　降水の数値モデル ……………………………… 31
　　3.5.1　数値気象モデル ……………………………… 32
　　3.5.2　数値気象モデルの具体例 …………………… 33
　3.6　降水の観測 ……………………………………… 36
　　3.6.1　地上雨量計による降水観測 ………………… 36
　　3.6.2　レーダによる降水観測 ……………………… 37
　　3.6.3　その他のレーダ観測 ………………………… 40

4. 蒸　発　散 …………………………………………… 43

　4.1　蒸発散を支配する物理的要因 ………………… 43
　4.2　地表面における熱収支 ………………………… 44
　　4.2.1　地表面が受ける放射エネルギー …………… 44
　　4.2.2　純放射量の分配 ……………………………… 46
　4.3　地表面付近の風と乱流拡散係数を用いた地表面フラックスの表現 …… 47
　　4.3.1　地表面付近の風と運動量の輸送 …………… 47
　　4.3.2　乱流拡散係数を用いた顕熱輸送量・水蒸気輸送量の表現方法 …… 52
　4.4　蒸発散量の測定法 ……………………………… 54
　　4.4.1　渦相関法 ……………………………………… 55
　　4.4.2　空気力学的方法 ……………………………… 55
　　4.4.3　バルク法 ……………………………………… 57
　　4.4.4　熱収支法 ……………………………………… 58
　　4.4.5　水収支法 ……………………………………… 59
　4.5　蒸発散量の推定法 ……………………………… 60
　　4.5.1　組み合わせ法（Penman法） ………………… 60
　　4.5.2　Penman-Monteith式 ………………………… 62
　　4.5.3　経験式を用いる方法 ………………………… 63
　　4.5.4　蒸発計を用いる方法 ………………………… 64
　4.6　代表的な地表面における蒸発散特性 ………… 64

5. 積雪・融雪 …………………………………………… 67

　5.1　積雪・融雪と河川流出 ………………………… 67

5.2	積雪観測	69
5.3	積雪の高度分布	70
5.4	積雪層における熱収支と融雪	71
5.5	積算気温による融雪量の推定	73
5.6	積雪・融雪・流出モデルによる融雪量の推定	74
	5.6.1 モデルの各部の説明	75
	5.6.2 モデルの適用例	79

6. 降水遮断・浸透 …… 81

- 6.1 降水遮断 …… 81
  - 6.1.1 遮断量の推定 …… 81
  - 6.1.2 降水遮断のモデル化 …… 82
- 6.2 浸透 …… 83
  - 6.2.1 土層中の水分状態 …… 83
  - 6.2.2 不飽和浸透の基礎式 …… 84
  - 6.2.3 浸透能式 …… 87
  - 6.2.4 浸透能式の実際の場への適用 …… 89
- 6.3 水循環のモデル化から見た降水遮断・浸透の過程 …… 90
  - 6.3.1 降水遮断 …… 90
  - 6.3.2 浸透 …… 91

7. 斜面流出 …… 93

- 7.1 流出過程 …… 93
- 7.2 水文流出系におけるキネマティックウェーブ理論 …… 95
  - 7.2.1 開水路流れの基礎方程式とキネマティックウェーブ近似 …… 95
  - 7.2.2 キネマティックウェーブモデルの解法 …… 97
- 7.3 山腹斜面系のモデル化 …… 101
  - 7.3.1 中間流・地表面流の統合 …… 102
  - 7.3.2 地形形状効果の導入 …… 103
  - 7.3.3 裸地域からの表面流出と中間流出 …… 107

8. 河道網構造と河道流 111

8.1 河道網構造 111
8.1.1 流域形状と流出特性 111
8.1.2 位数理論と地形則 112
8.1.3 河道網の数理表現と流出システム 113

8.2 河道流れの数理モデル 116
8.2.1 貯水池モデル 117
8.2.2 マスキンガム法 118
8.2.3 キネマティックウェーブ法 119
8.2.4 マスキンガム-クンジ法 120
8.2.5 ダイナミックウェーブ法 122

9. 流出モデル 125

9.1 流出モデルの目的 125
9.2 分布型流出モデルの構成 126
9.2.1 流域地形の数理表現と分布型流出モデル 127
9.2.2 グリッドモデルを用いた1次元分布型流出モデル 129
9.2.3 グリッドモデルを用いた流域一体型3次元流出モデル 131
9.3 陸面水文過程モデル 132
9.4 大河川流域への展開 134
9.5 流出モデルの課題と今後の展開 136
9.5.1 スケールに関する問題 136
9.5.2 モデルパラメータに関する問題 137
9.5.3 予測の不確かさの評価 138
9.5.4 人間活動による流水制御・水利用の影響を取り入れた水循環予測システム 138

10. 降雨と洪水のリアルタイム予測 143

10.1 降雨予測の方法 143
10.2 洪水流出のリアルタイム予測の方法 145

10.2.1	我が国の洪水予報システム	145
10.2.2	洪水予測の手順	147
10.2.3	状態空間型システムモデルと Kalman フィルタ	149
10.2.4	洪水の確率過程的予測	150

10.3 河川情報システムと洪水予報 ……………………………… 152
    10.3.1 河川情報システム ……………………………… 153
    10.3.2 洪水予報 ……………………………… 154
    10.3.3 予測情報を活用した高度な水管理 ……………………………… 156

11. 水文量の確率統計解析 …………………………………… 159

11.1 河川計画と確率論的アプローチ ……………………………… 159
11.2 水文量とその確率評価 ……………………………… 161
    11.2.1 いろいろな水文量と観測データ ……………………………… 161
    11.2.2 極値水文量と水文統計学の応用 ……………………………… 161
    11.2.3 確率で生起特性を考える ……………………………… 162
    11.2.4 確率統計学的な方法と確率分布 ……………………………… 163
    11.2.5 超過・非超過確率とリターンピリオド ……………………………… 165
11.3 水文頻度解析の手順 ……………………………… 167
    11.3.1 水文頻度解析に用いる確率分布と母数推定法 ……………………………… 168
    11.3.2 図式推定法（確率紙）による確率分布の当てはめ ……………………………… 172
    11.3.3 適合度の客観的評価規準 ……………………………… 175
11.4 確率水文量の不確定性の定量化 ……………………………… 177
    11.4.1 確率水文量の推定精度 ……………………………… 177
    11.4.2 ジャックナイフ法とブートストラップ法 ……………………………… 177
    11.4.3 リサンプリング手法による確率水文量の推定精度評価 ……………………………… 179

付録 A 準線形偏微分方程式の解法 ……………………………… 182
付録 B 強制復元法による地中温度の計算 ……………………………… 184
付録 C 代表的な流出モデル ……………………………… 188
索 引 ……………………………… 199

1. 水文学とは

　水は太陽エネルギーと重力エネルギーによって絶えず地球上を巡っている．これを水の循環（water cycle）という．海や陸から蒸発した水は雲となり，これが雨や雪となって陸上に降る．一部は再び蒸発するが，残りは河川水や地下水となってやがて海に戻る．この地球の水の分布・循環構造を明らかにし，それと人間活動との関連を明確にする科学的分野が水文学（hydrology）である．

1.1 水文学の定義

　自然の恵みである水は，地球上のあらゆる生命の源であり，また私たちの経済社会活動に欠かすことのできない重要な資源として，今日の豊かな生活を支えている．この地球上の水の振舞いを科学的に扱う学問領域に水文学がある．水文学は "すいもんがく" と読み，英語では "hydrology" という．同音である水門（water gate）学でも，水文学（water literature）でもない．学問名としてまだ知れ渡っていないのかもしれないが，水循環を扱う学問と説明すると理解される．最近では健全な水循環系の構築といったように行政サイドでも水循環という用語がしばしば使われ，その市民権が定着してきている．水文学はもともと天文学，地文学というように天文，地文の類語としてつくられた言葉とも考えられる．水文学と題する最初のまとまった著作はおそらく 1904 年に出版された Mead のものであろう[1]．さらに彼は 1919 年に至ってその後の研究を集大成して水文学を世に問うた[2]．我が国最初の水文学のテキストは 1933 年に阿部謙夫による岩波地質学地理学講座の一冊として出版されている[3]．水文学およびその歴史については多数の成書があるので，それらも参照されたい[4]~[18]．

　ユネスコでは国際水文学 10 か年計画（International Hydrological Decade）の

発足にあたって,以下のような広範な内容を包含した形で水文学を定義している (1964年). "Hydrology is the science which deals with the waters of the earth, their occurrence, circulation and distribution on the planet, their physical and chemical properties and their interactions with the physical and biological environment, including their responses to human activity. Hydrology is a field which covers the entire history of the cycle of water on the earth."「水文学は,地球の水を取り扱う科学であり,地球上の水の発生,循環,分布およびその物理的ならびに化学的特性,さらに物理的ならびに生物的環境と水との相互関係を取り扱う科学である.この場合,人間活動への応答が含まれる.水文学は地球上の水循環の一切を体系的に記述する分野である.」

水文学は水循環を中心概念とする学問分野であるが,さらにその範囲を広げ,水の循環,分布,特質を自然科学的に研究するだけでなく,水資源の開発,水の適正利用,水と環境との関係,水文環境の管理など人間と水との関わりに関する研究をも包含する,水に関する総合科学との立場を取るまでに至っている.

1.2 多様な水文学

水文学は今日では前述のように広汎な内容を網羅しているが,一方では,その対象とする分野,場(ば),時・空間スケールなどに応じて多様な名前を冠する水文学が登場している.たとえば,対象分野でみると,気象水文学,河川水文学,湖沼水文学,土壌水文学,地下水水文学,水質水文学,生態水文学などをあげることができる.対象場としては,森林水文学,農業水文学,都市水文学など,時・空間スケールからいえばグローバルあるいはマクロ水文学,流域水文学,斜面水文学,古水文学などがそれに当たろう.さらに水循環と人間活動との関わりが大きくなってきていることから,上記水文学を基礎水文学として,水資源問題,地域環境問題に対応させる意味での応用水文学という分類,現象のとらえ方から決定論水文学,確率過程水文学という名の水文学もある.

本書では,水防災や水利用・水環境といった水循環と人間活動との関わりが,流域を1つの空間ユニットとして営まれていることを踏まえ,主として流域水循環を対象とする水文学に焦点を当てている.流域には森林,農地・水田,都市,河川,湖沼といった土地利用があり,そこでの表流水や地下水の振舞いがあるわ

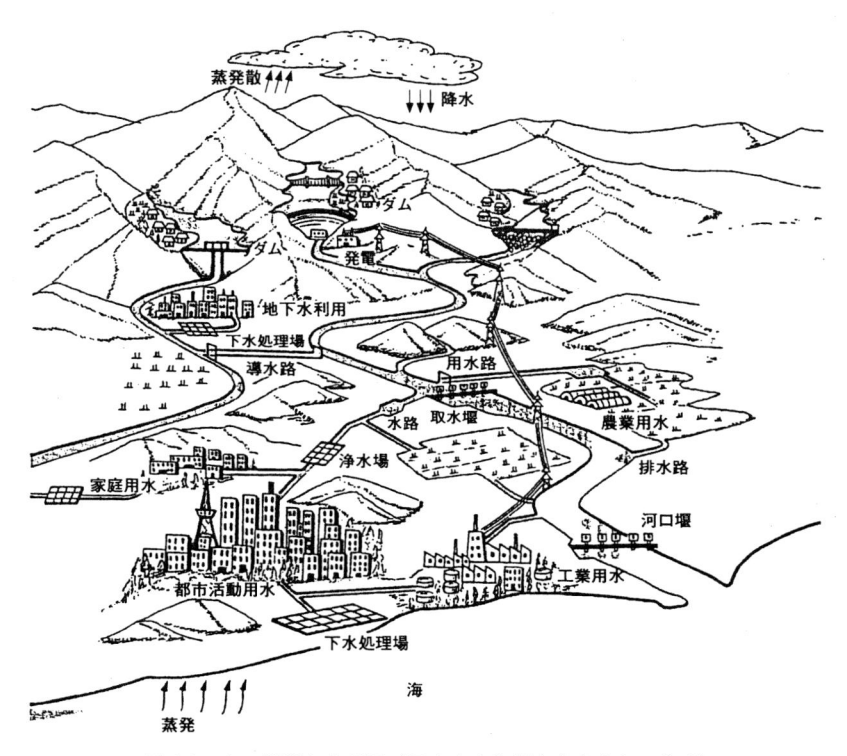

図 1.1 水の循環と水利用（国土庁水資源白書をもとに作成）

けで，その意味で先に述べた多くの冠をつけた水文学を包含していることになる．

流域水循環をベースにした水利用を**図 1.1**に示す．そこには降水，蒸発散，河川水，地下水などの水循環プロセスがあり，その途上で農業用水・都市用水等の取水源を得るとともに，利水・排水がなされている．ときとして水循環の中の極端現象として豪雨があり，洪水災害や土砂災害に見舞われる．まさに，我々人間は循環資源としての水利用や水災害を流域水循環に負っている．

1.3 流域水循環を扱う水文学

流域は基本的に分水嶺で囲まれた広がりをいい，水の流れを構成する場として斜面，河道，地下滞水層がある．**図 1.2**は流域の平面系であり，河道網からなっている．上流山地に水源をもつ多くの小河川が合流流下しながら幹川となり，や

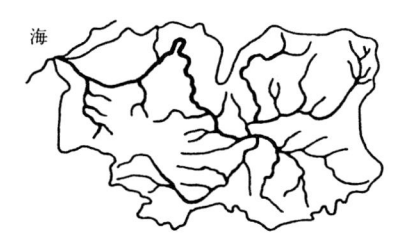

図 1.2 流域の平面系（河道網）

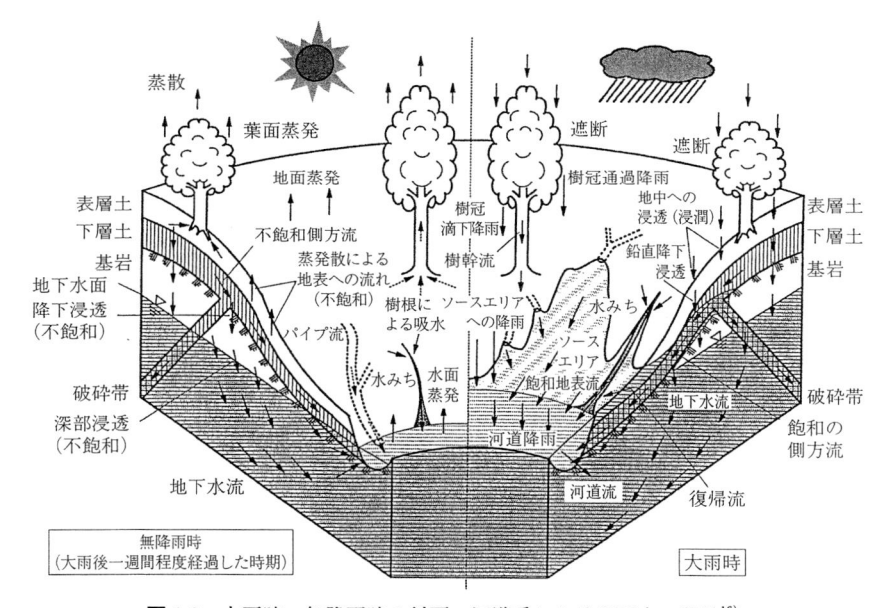

図 1.3 大雨時・無降雨時の斜面・河道系における雨水の移動[16]

がて海に流去していく．水は自然の法則に従い高きから低きに流れている．

図 1.3 は1つの斜面と河道からなる系での水循環の構成要素を描いたものである．斜面，河道に降り注いだ水が斜面表層をそれぞれの経路をたどって流下し，やがて河道に流出する様子を示している．一方，時間軸上にあっては，降雨に呼応して河川の流量や地下水位が増減する．**図 1.4** は降雨・流量と時間との関係を示したものである．多次元的に水循環を構成する要素が有機的に相互関係をもって，しかも時間的に変動している．言葉を変えていえば，システムとして水循環をとらえることが重要である．

これら時・空間上の水の振舞いを，ある確かな物理法則または統計法則に従う

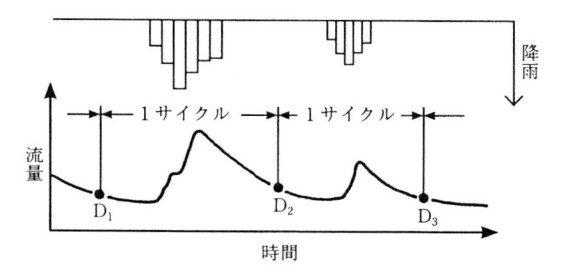

図 1.4 降雨・流量と時間の関係（流出のサイクル）

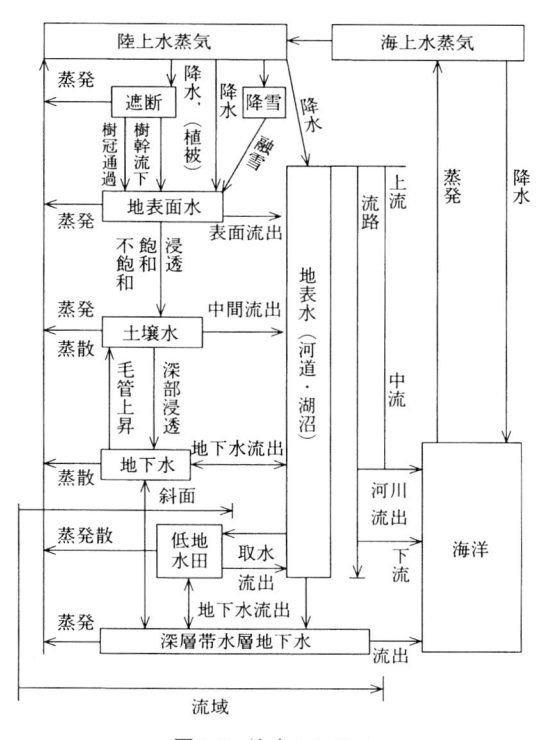

図 1.5 流出システム

同質の部分システムとしてとらえ，それらを順序づけて流出システムとして描くと**図 1.5**が得られよう．ここでの水文学は，流域におけるこれら流出システムの特性を統一的かつ量的に把握・予測するために，全体システムを構成する法則の異なった部分システムを分類・選択し，次いで各部分システムの機構と相互関係を明確にして全体システムの組織的表現を行おうとする学問でもある．

参 考 文 献

1) Mead, D. W.：Notes on Hydrology, Shea Smith & Co.（1904）.
2) Mead, D. W.：Hydrology, McGraw-Hill（1919）.
3) 阿部謙夫：水文学, 岩波書店（1933）.
4) Biswas, A. K.：History of Hydrology, North-Holland Pub. Company（1970）.
5) Eagleson, P. S.：Dynamic Hydrology, McGraw-Hill（1970）.
6) 金丸昭治・高棹琢馬：水文学, 朝倉書店（1975）.
7) 高橋　裕：河川水文学, 水文学講座Ⅱ, 共立出版（1978）.
8) 榧根　勇：水文学, 自然地理学講座3, 大明堂（1980）.
9) 高棹琢馬（研究代表者）：流出現象の物理機構に関する研究, 昭和60・61年度科研究費補助金（総合研究A（60302067））研究成果報告書（1987）.
10) 日野幹雄・太田猛彦・砂田憲吾・渡辺邦夫：洪水の数値予報―その第一歩―, 森北出版（1989）.
11) Bras, R. L.：Hydrology, An Introduction to Hydrologic Science, Addison Wesley, Reading, MA.（1990）.
12) 塚本良則編：森林水文学, 文永堂出版（1992）.
13) 水文・水資源学会編：水文・水資源ハンドブック, 朝倉書店（1997）.
14) Chow, V. T., Maidment, D. R. and Mays, L. W.：Applied Hydrology, McGraw Hill（1998）.
15) Hornberger, G. M., Raffensperger, J. P., Wiberg, P. L., and Eshleman, K. N.：Elements of Physical Hydrology, The Johns Hopkins University Press（1998）.
16) 宝　馨：森林の流域への影響, 水循環と流域環境, 高橋裕・河田恵昭（編）岩波講座地球環境学7, 2.2節 pp. 40～69（1998）.
17) Beven, K. J.：Rainfall-Runoff Modelling：the Primer, John Wiley & Sons Ltd.（2000）.
18) Brutsuert, W.：Hydrology-An Introduction, Cambridge University Press（2005）.

2. 地球上の水の分布と放射

　水は太陽エネルギーと重力エネルギーによって循環している．本章では地球上の水の存在量とその存在形態を概括し，水循環の駆動力である太陽放射と地球放射について解説する．また，地球温暖化を理解するために温室効果の原理を述べる．これらが大気と地表面との間の水・熱フラックスの移動や蒸発散量・降水量の地球上の分布を理解する基礎となる．また，電磁波の放射・反射特性を利用した衛星リモートセンシング技術の原理とそれを用いた地球観測の水文学的応用例を示す．

2.1 地球上の水の量

　地球の表面積 5.1×10^8 km^2 のうち，海洋が占める割合は71％，陸地のそれは29％である．この地球表層の約74％は水でおおわれており，その総量は，科学者によりまた観測・解析の時代経過により異なるが，おおむね 14.6×10^{20} kg（14.6億 km^3）と見積もられている．その約97％は海水である．

　次いで南極大陸や北極海にある氷が2.4％，地下水として存在する淡水が0.6％，湖沼，河川などにある淡水が0.02％である．淡水はほとんどが地下水として存在しているので，利用することが比較的容易な淡水は地球規模での水量比でみるとわずかといわざるをえない．一方，大気中の水蒸気量はほんのわずかで，全体の0.001％である．

　いま，これらの存在量を平均厚さでみてみると海洋の平均厚さは約4,000 m，陸上における雪氷と淡水を陸上に均等にひろげたとすると，その平均厚さは300 mである．大気中に含まれる水蒸気量を地球表面に均等に広げたとすると厚さは30 mmとなる．

2.2 地球上の水の循環

水は陸面，海洋，大気間を循環している．すなわち，海面や陸地面から蒸発した水蒸気は大気中で凝結して雲となり，雨や雪になって地表に戻る．陸地上での降水のかなりの部分は集まって河川水となるが，一部は地下水になる．このような全地球的な水の循環と収支は**図 2.1** にまとめられる[1]．ここに四角によって囲まれた数値は先に述べた水の各形態の存在量を，矢印で示される数値は各形態間の年間の移動量を示している．なお，移動量の括弧内の百分率は海洋からの蒸発を100%としたときの概略値を示している．このように地球上の水は蒸発，凝結，流動などの過程を通して各形態間を移り変わり，相互に依存しあって循環していることがわかる．

いま，水の総量を14.6億 km^3 として，平衡状態を想定すると，水の各形態における平均滞留時間を評価することができる．それによると，海洋における水の滞留時間は3,000年，地下水，氷，湖，河川などをあわせた陸水は550年，大気中の水蒸気のそれは11日となる．大気中の水は約11日に1回の割合で入れ替わる勘定になり，その循環速度は非常に速いことがわかる．

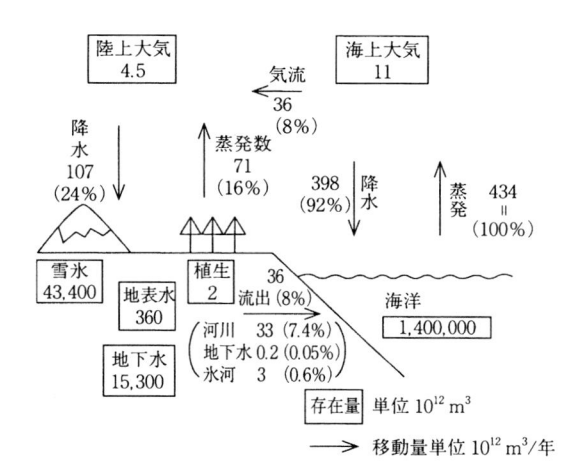

図 2.1 水の存在量と水循環（百分率は海洋蒸発を100%とした概略値）[1]

2.3 地球大気の鉛直プロファイル

　大気の温度，湿度，圧力など大気の状態を表す物理量の値は水平方向・鉛直方向に絶えず変化しており，とりわけ鉛直方向の変化が激しい．大気層は通常，温度の高度分布に基づいて鉛直方向にいくつかの層に区分される（**図 2.2**）．大気層のもっとも下に位置する対流圏は約 10～18 km，平均して約 11 km の厚さをもつ．対流圏の最下層に大気境界層があって，地表面との接触面を構成し，さらにその中でも地表面に近いところを接地境界層とよぶことがある．対流圏ではいろいろな運動によって圏内の空気が上下によくかき混ぜられているのが特徴で，地表面付近の乱流輸送はもとより，温帯低気圧や前線，台風など日々の天気の変化をもたらす大気の運動はほとんど対流圏内で起こっている．この圏内では温度は 1 km につき約 6.5℃ の割合で高度とともに減少する．

　対流圏の上に成層圏があり，高度約 11 km からの等温層を含み 50 km まで温度が高度とともに上昇している層をいう．高度約 15～50 km の間の成層圏では太陽紫外線によってオゾンが生成されていることからオゾン層とよばれている．

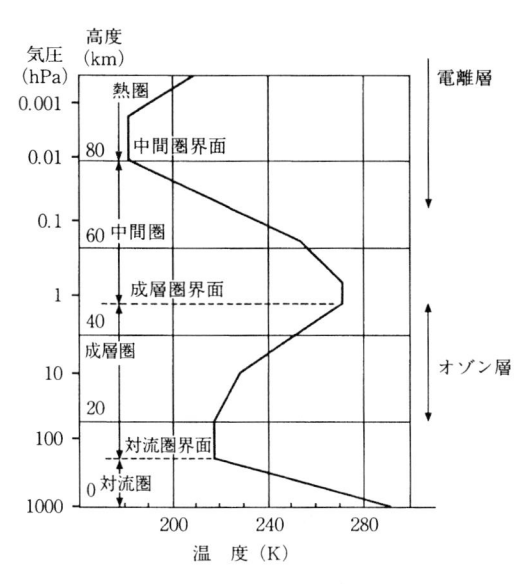

図 2.2 気温の高度分布と大気の成層構造

成層圏の高温はオゾンによる太陽紫外線の吸収による．この高度から上の中間圏では温度は再び高度とともに低下し，高度約 80〜90 km で極小になりそれより上の熱圏で再び温度が上昇する．高度 100 km 以上では大気が太陽紫外線を吸収するために光電離作用が卓越し，それによって生じた電子が多く存在する電離層を形成している．熱圏より上空，高度約 500 km 以上は外気圏としてプラズマ状態となって宇宙空間に続いている．

2.4 太陽放射と地球放射

2.4.1 黒体放射とプランクの法則

あらゆる物体は，その物体の温度が絶対零度でない限り，絶えず電磁波を放射している．物体の表面の単位面積から単位時間に放射されるエネルギー量は，その物体の性質と温度による．キルヒホッフの法則によれば，一般によく放射する物体は入射してきた放射をよく吸収する．どんな波長の電磁波でも，入射してきた電磁波はすべて完全に吸収してしまう仮想的な物体を黒体とよぶ．この黒体からの放射エネルギー（単位時間・単位面積・単位波長幅当りの放射強度，W/m^2/m）はプランクの法則で表され

$$W(\lambda, T) = \frac{2\pi hc^2}{\lambda^5} \frac{1}{e^{ch/(k\lambda T)}-1} \tag{2.1}$$

である．ここに λ は放射される電磁波の波長，T は黒体の絶対温度(K)，k はボルツマン定数，h はプランク定数，c は光速度である．$W(\lambda, T)$ を全波長に渡って積分すると，物体からの総放射量が

$$\int_0^\infty W(\lambda, T) d\lambda = \sigma T^4 \tag{2.2}$$

として得られる．この式が，シュテファン・ボルツマンの法則である．ここに σ はシュテファン・ボルツマン定数（$=2\pi^5 k^4/(15c^2 h^3)=5.67\times 10^{-8}$ W m^{-2} K^{-4}）である．(2.1)式を λ で微分すると放射エネルギー密度が最大となる波長 λ_{max} が得られ $\lambda_{max}(\mu m)=2897/T$ の関係がある．これをウィーンの変位則という．

2.4.2 太陽放射（短波放射）と地球放射（長波放射）

いま，太陽の光球の温度を 5,780 K，地球の放射平衡温度を 255 K としてそ

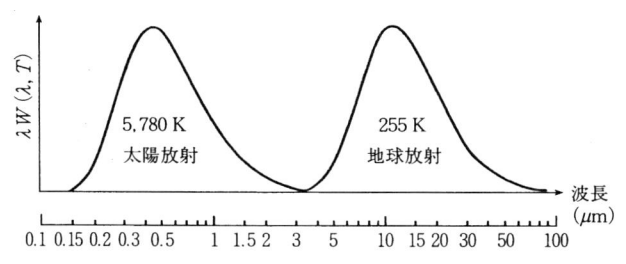

図 2.3 太陽（左図）と地球（右図）からの黒体放射[2)]
横軸は対数目盛でとった波長．縦軸は波長(λ)と放射強度 $W(\lambda,T)$ の積．このようにとると曲線の下の面積が全放射強度 I に比例する．ただし左図（太陽放射）と右図（地球放射）で縦軸を同じスケールで描くと，右図はよく見えないくらい背が低くなるので，スケールを変えて両者の面積が同じになるようにしてある．

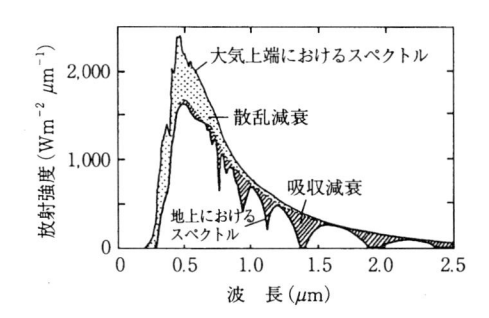

図 2.4 大気上端および地上における太陽放射スペクトル

の黒体放射のスペクトルを描くと**図 2.3**のようになる．太陽放射では，波長約 $0.475\,\mu m$ のところに放射強度の最大値があり，一方，地球放射は約 $11\,\mu m$ のところに最大値がある．この2つの物体からの放射は約 $4\,\mu m$ を境にして，波長領域を別にしている．この意味で前者を短波放射（short wave radiation）または日射，後者を長波放射（long wave radiation）または大気放射とよんで区別している．長波放射は大部分が赤外線領域にあるので，赤外放射とよぶこともある．

2.4.3　地球大気による吸収

太陽光線は地上に到達するまでに空気分子（主として窒素78％と酸素21％）および浮遊する微粒子（雲を含むエアロゾル）によって散乱され，また水蒸気・酸素・二酸化炭素などの吸収によって減衰する．**図 2.4**は太陽が真上にあるとき

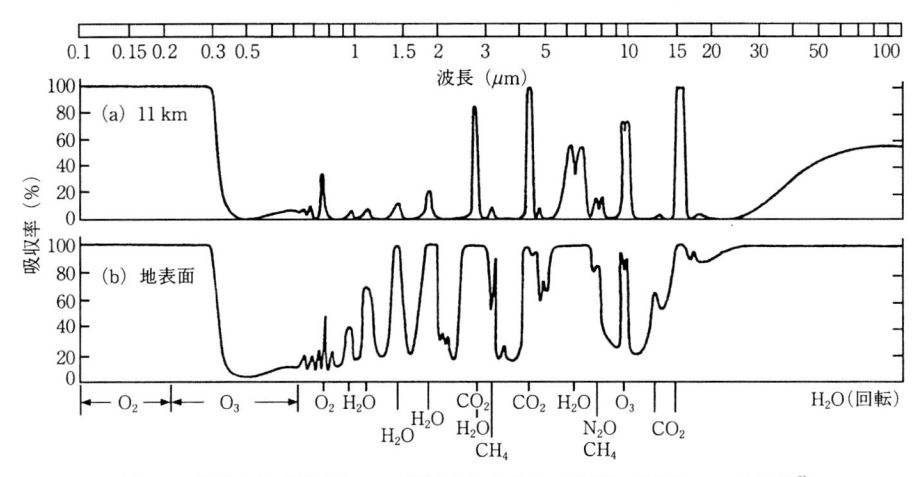

図 2.5 地球大気全体としての吸収率およびその吸収に寄与している気体[2]

の大気の上端（上の曲線）と地表面（下の曲線）で観測された太陽放射のスペクトルを示している．後者が前者に比べて全体的に弱くなっており，これは大気中における散乱減衰と吸収減衰によるものである．とくに吸収減衰が赤外線領域で強く発生する部分が数個あり，それらは主として水蒸気（H_2O）による吸収である．波長 $2\,\mu m$ あたりの吸収には二酸化炭素（CO_2）も寄与している．

大気中のいろいろな気体によって日射と大気放射が吸収される様子を詳細に示したのが**図 2.5** である．日射で波長が $0.31\,\mu m$ より小さい紫外線領域の電磁波は高度約 $11\,km$（対流圏界面）に達する前に完全に吸収されてしまう．これは酸素分子およびオゾンによる吸収である．それより波長の長い可視光領域では，吸収は極めて弱く，大気は可視光線に対してほとんど透明であり可視光線を透過することになる．大気放射の吸収は主として水蒸気と二酸化炭素であり，水蒸気はとりわけ赤外線放射をよく吸収する．二酸化炭素は $2.5\sim 3\,\mu m$，$4\sim 5\,\mu m$ の波長域に強い吸収帯をもつ．

逆に，波長が $11\,\mu m$ あたりを中心として $8\sim 12\,\mu m$ の波長領域では大気による吸収が弱い．つまり，この波長領域の放射は，大気によってあまり吸収されることなく地球大気外に到達することを意味する．この波長領域を窓領域あるいは大気の窓とよび，人工衛星に搭載した観測センサーにはこの波長領域を利用することが考えられる．すなわち，一般に地球表面やある程度の厚さをもった雲の上面

からの放射を黒体放射とみなし，人工衛星に載せた放射計を下に向けて窓領域の放射の強さを測定すれば，その放射計の視野内の放射体の温度を測定することができる．このようにして測定した温度を輝度温度とよぶ．雲のない海域では海面温度の分布，厚い対流雲におおわれているときは雲の上面の温度を測定することができる．気象衛星ひまわりの画像が代表的な例である．

2.4.4 温室効果

前節で述べたように地球大気は短波放射に対してほぼ透明であるが，長波放射はよく吸収する．このことが地球の表面温度を決めるのに重要な役割を果たしている．温室効果という言葉をよく耳にするので，その原理をここで述べておく[2]．簡単化のために地球大気は図 2.6 に示すように薄い層であるとし，この層の吸収率は太陽放射に対しては 0.1，地球放射に対しては 1 であると仮定する．この気層に日射量 I_E が入射しているとき，放射平衡にある地表面と気層の温度を求めてみよう．地表面はすべての波長領域で黒体であるとする．

気層の温度を T_a，地表面の温度を T_g とする．仮定により，地表面は $0.9 I_E$ の日射を吸収し，シュテファン・ボルツマンの法則により気層から放出される σT_a^4 の放射エネルギーを吸収して，逆に σT_g^4 だけのエネルギーを放射する．したがって放射平衡にあるときには次式が成立する．

$$0.9 I_E + \sigma T_a^4 - \sigma T_g^4 = 0 \tag{2.3}$$

一方，気層に成り立つ式は，

$$0.1 I_E - 2\sigma T_a^4 + \sigma T_g^4 = 0 \tag{2.4}$$

である．この2つの式から T_g を消去すれば，

$$\sigma T_a^4 = I_E \tag{2.5}$$

が得られる．次に式 (2.3) と式 (2.4) から T_a を消去すれば，

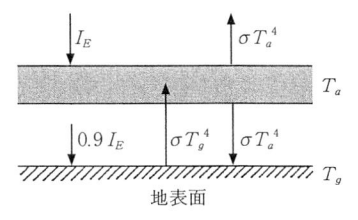

図 2.6 大気を1つの薄い層で代表したときの大気の温室効果の説明図[2]
I_E が入射太陽エネルギー，T_a が気層の温度，T_g が地表面の温度．

$$\sigma T_g^4 = 1.9 I_E \qquad (2.6)$$

が得られる．$I_E = 240\ \mathrm{W\ m^{-2}}$ という数値を式 (2.5), (2.6) に代入して計算すれば，$T_a = 255\ \mathrm{K}$，$T_g = 299\ \mathrm{K}$ である．このように大気が地表面からの赤外放射を吸収するので，地表面の温度は大気がない場合の放射平衡温度より高くなる．ガラスで作った温室は太陽光を透過するが，赤外放射を透過しないため室内は外より高温になる．この類似性から大気中に含まれている微量気体の水蒸気や二酸化炭素，オゾン等によって起こるこの高温化現象を温室効果，それらの微量気体を温室効果気体とよぶことがある．

2.4.5 地球の熱収支

以上述べてきたことを地球のエネルギー収支として描いたのが図 2.7 である．$342\ \mathrm{W\ m^{-2}}$ の太陽放射が地球大気の上端に入射したとき，1か年にわたって平均した地球全体の放射量収支が示されている．地表面，大気内部，および大気の上端という3つの部分から入るエネルギーと出ていくエネルギーの収支が合っている．地表面では，吸収した長・短波放射が地表面に存在する水を蒸発させる潜熱と地表面に接する空気を暖める顕熱とに配分されている．

地表面の熱収支各項の緯度分布が Budyko (1977) などによって見積もられている．それを示すと図 2.8 のようである．地表面が吸収する純放射量は，低緯度で $140\ \mathrm{W\ m^{-2}}$ であるが，高緯度に行くに従って減少し，北極や南極の近くでは小

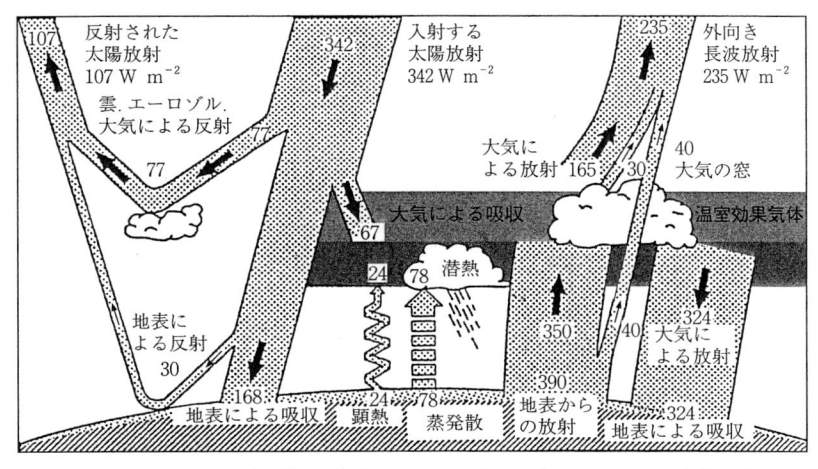

図 2.7 地球のエネルギー収支（気候変動に関する政府間パネル IPCC 第2次報告書, 1995）

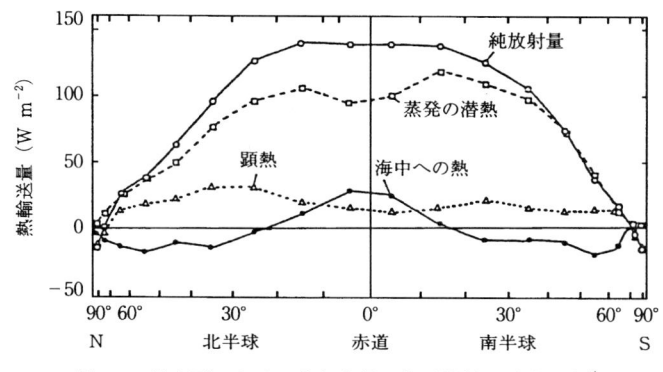

図 2.8 地表面における熱収支量の年平均値の緯度分布[4]

さな負の値となる．純放射量の約 80％は蒸発の潜熱に等しく，残りの約 20％は顕熱に等しい．海中に入った熱は低緯度で正，高緯度で負であるから，海水温度が平均的に定常であるためには海は熱を低緯度から高緯度へと運ぶことになる．

2.5 衛星リモートセンシングによる地球観測

2.5.1 衛星リモートセンシング

リモートセンシングとは，対象物である物質が何であり，またそれがどのような状態にあるかを，電磁波を用いて探査する技術の体系である．地球上のあらゆる物質は，太陽光などの電磁波を受けると物質の性質に応じて各波長ごとに固有の反射特性を示し，また物質が熱を帯びるとその性質と温度に応じて各波長ごとに特有の割合で電磁波を放射する．これらの性質を利用して物質からの放射ないし反射する電磁波の波長とその強さを測定することによって，その物質に直接触れることなく性質や状態などを測定することができる．

とりわけ人工衛星による地球観測は，同一地点の観測データを繰り返し収集することにより，地上の移り変わりをグローバルな範囲で，詳細にかつ長期にわたってモニターすることができる．こうして得られる観測データを地上で受信し，コンピュータで解析することによって，地球規模での環境変化や人間活動に伴う環境変化などを把握することができる．

リモートセンシングでよく用いられる電磁波の波長は可視光線 ($0.4 \sim 0.7\,\mu m$)，赤外線 ($0.7 \sim 14\,\mu m$)，マイクロ波 ($1\,mm \sim 1\,m$) の領域である．$4\,\mu m$ 程度よ

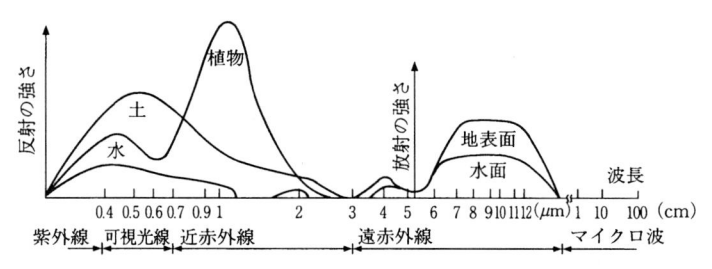

図 2.9 波長域と物質の反射・放射特性

り短い波長帯では主として太陽を光源とする物体の反射特性を観測し，4 μm より長い波長帯では物体の放射特性を観測することになる．マイクロ波によるリモートセンシングは太陽光を光源としていないために昼夜に関係なく観測可能である．また波長が長く雲粒や雨滴の散乱の影響を受けにくいので，天候に左右されず地表面を観測することができる．さらに物質の表面情報だけでなく，物質内部の状態の観測も可能とされており，積雪や土壌水分の定量観測にも期待がもたれている．図 2.9 は波長域と反射・放射特性の例を示したものである．衛星搭載の各センサーは何を観測対象とするかによって，これら波長域のどの領域を観測域とするかが決定される．一方，各衛星は太陽同期・非同期さらに軌道高度によって観測の時・空間分解能が定まり，それらの特性をもって宇宙から地球表層が観測される．

2.5.2 人工衛星データによるグローバルな植生分布

図 2.10 に様々な地表面における分光反射特性を示す．この特性を利用して植生の状況を把握する指標として，正規化植生指標 NDVI (normalized difference vegetation index) がある．この NDVI は，地球観測衛星のデータを使って式 (2.7) により簡易に計算することができ，グローバルな植生状況を把握できる．

$$NDVI = \frac{NIR - VIS}{NIR + VIS} \tag{2.7}$$

ここに，NIR：近赤外バンドの反射率，VIS：可視バンドの反射率．たとえばアメリカ海洋気象局 NOAA (National Oceanic and Atmospheric Administration) が運用する人工衛星では波長帯域 0.58〜0.68 μm のバンド 1 と 0.73〜1.10 μm のバンド 2 より NDVI が計算される．NDVI は裸地域では 0.0〜0.1 の値を示し，

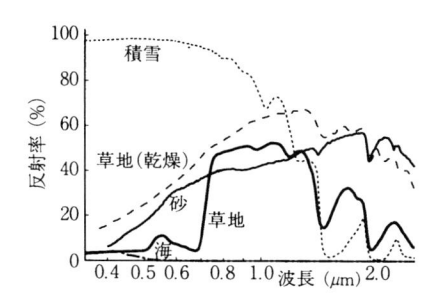

図 2.10 様々な地表面における可視・近赤外域の分光反射特性（気候変動の解明にむけて―Global Imager がとらえた地球（2006, JAXA EORC）より作成）

植生域では 0.1〜0.6 であって，植生の密度が増すにつれて大きな値をとる．衛星情報は土地被覆や生育作物の判別・分類図の作成[5,6]をはじめ，陸面過程モデルとの連結や水文量抽出アルゴリズムの開発などとあいまって広域の水文情報を提供している[7]．

2.6 水・熱循環の結合

図 2.7 で見たように，地表面が受ける純放射量はプラスであるので，放射によって加熱されるが，一方では地表面は潜熱と顕熱を放出することで，放射加熱に見合うだけの冷却を起こし，平均的に平衡を保っている．流域ベースではエネルギー循環と水循環は**図 2.11** のように結合される．地表面で蒸発した水蒸気が風や乱流拡散と上昇気流によって上空に運ばれ，上空で凝結して雲をつくり，やがて雨や雪となり地上に降ってくることになる．水収支の蒸発散項が熱収支上の潜熱項に符合して両者が結合されている．

降水量と蒸発量の年平均値の分布をいくつか文献から抽出し，掲載しておく．**図 2.12** は降水量と蒸発量の年平均値の緯度分布である[8]．赤道付近と中・高緯度で降水量が，低緯度の亜熱帯地方で蒸発量が卓越している．それを補うために水蒸気輸送が生じて循環していることになる．また，降水量は（b）に示すように大気の上昇気流が卓越するところで多く，下降気流があるところで少なくなっている．また，**図 2.13** は陸域の年降水量の分布であり，陸地の 1/3 を占める乾燥・半乾燥地域では極端に少なくなっている．

地球規模での水・熱循環は，**図 2.14** に示す大気・海洋・陸面・雪氷からなる

2. 地球上の水の分布と放射

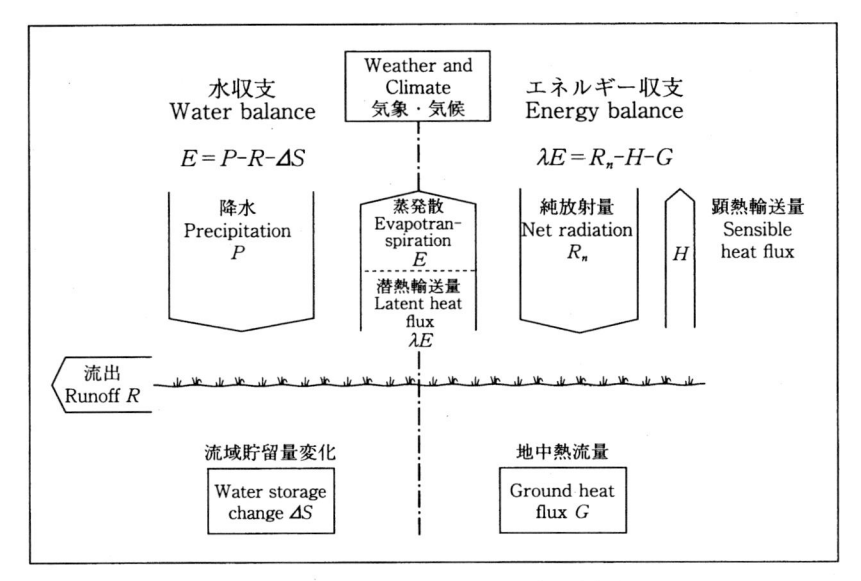

水収支
Water balance

$E = P - R - \Delta S$

- 降水 Precipitation P
- 流出 Runoff R
- 流域貯留量変化 Water storage change ΔS

Weather and Climate
気象・気候

- 蒸発散 Evapotranspiration E
- 潜熱輸送量 Latent heat flux λE

エネルギー収支
Energy balance

$\lambda E = R_n - H - G$

- 純放射量 Net radiation R_n
- 顕熱輸送量 Sensible heat flux H
- 地中熱流量 Ground heat flux G

図2.11　流域ベースでみた熱収支と水収支

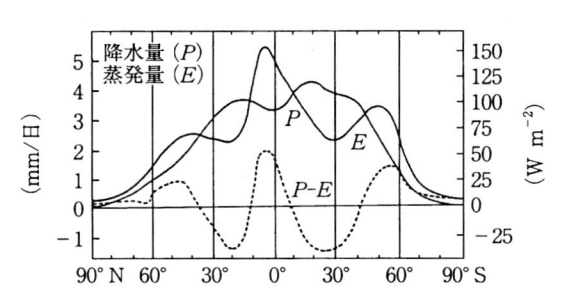

(a) 降水量 (P) と蒸発量 (E) の年平均値の緯度分布
破線は両者の差 (P-E) を示す．左側に1日あたりの量を mm 単位で，右側にエネルギー換算値を示す．

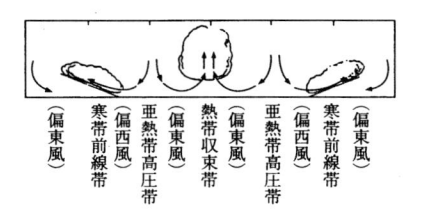

(b) 降水パターンと主な鉛直風（水平発散）の緯度分布の模式図

（偏東風）（寒帯前線帯）（亜熱帯高圧帯）（偏西風）（熱帯収束帯）（偏西風）（亜熱帯高圧帯）（寒帯前線帯）（偏東風）

図2.12　降水量と蒸発量の緯度分布[8]

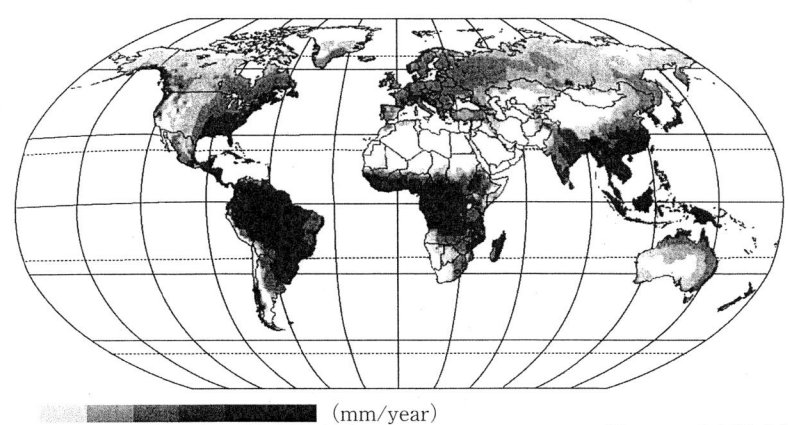

(mm/year)
50　250　500　750　1,000　2,000 以上

図 2.13　年間降水量の陸域分布

気候システムにおいて極めて重要である．2,000年もの長きにわたって全海洋を移動する海洋大循環，平均11年周期といわれる太陽黒点の活動，この20年ぐらいの間の地球温暖化現象，数年から10年に一度発生するエルニーニョ南方振動 ENSO（El Nino southern oscillation），さらには最近の北極振動など，地球上の水・熱循環とこれらの関係はどうなのであろうか．気候システムと気候変動のリンクも関心事である．これらの相互作用は，複雑系であるとともにそこにはまだまだ未知の領域がある．

　GEWEX（Global Energy and Water Cycle Experiment，全球水・エネルギー観測）などの地球規模での共同観測をはじめ衛星観測，地上・海上観測，モデリングを結合した国際的取組みがなされている[9]．また，地球温暖化とその水循環，水資源への影響についても地球温暖化の将来予測が気候モデルを介して検討されている．最近では東京大学気候システム研究センターと国立環境研究所，地球環境フロンティア研究センターの合同研究チームは，世界最高速クラスの計算機いわゆる地球シミュレータを用いて，大気と海洋などを結合して温暖化などの長期予測を行うモデルとしては世界で最も高い解像度での予測実験を行っている[10]．モデルによるシナリオシミュレーションではあるが，地球温暖化と日本の気候・気象についてもいくつか気になる傾向が示されている．たとえば年々の降水量の変動幅が増加する，水循環については多雨年と少雨年のコントラストが大きくなる，温暖化に伴い冬の積雪が減り，雪解けが早くなるなど，水資源管理にとっても重要な情報を提供しつつある．

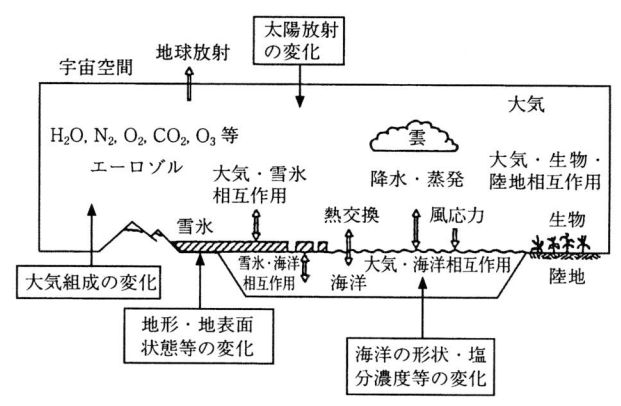

図 2.14 大気−海洋−陸面−雪氷から成る気候システムの概念図

⇔はシステム内相互作用（内因），→はシステム外相互作用（外因）

参 考 文 献

1) 武田喬男・上田　豊・安田延壽・藤吉康志：水の気象学，東京大学出版会（1992）.
2) 小倉義光：一般気象学［第2版］，東京大学出版会（1999）.
3) 近藤純正：水循環の気象学，朝倉書店（1994）.
4) 近藤純正：身近な気象の科学，東京大学出版会（1987）.
5) 甲山治・山田覧治・田中覧治・池淵周一：衛星起源の植生状態量及び地上気象データを用いた土地被覆と生育作物の判別，水工学論文集，**49** pp. 373-378（2005）.
6) 萬和明・田中覧治・池淵周一：NDVI時系列解析による全球作物分類図の作成，水工学論文集，**49** pp. 379-384（2005）.
7) 水文過程のリモートセンシングとその応用に関するワークショップ論文集，第1回〜4回，水文・水資源学会，土木学会水工委員会等（1998, 2000, 2002, 2004）.
8) 浅井冨雄：ローカル気象学，東京大学出版会（1996）.
9) 小池俊雄：GAMEプロジェクト−アジア域の水資源管理における意義，河川，pp. 13-19（1997）.
10) 木本昌秀：地球シミュレータによる地球温暖化予測，水資源シンポジウム講演集（2005）.

3. 降　　水

　降水（precipitation）は，多ければ洪水や土石流を発生させ，少なければ水不足や渇水を生起させる原因となる．降水は流出現象の要因であり，その予測や分布の把握は流出現象の解明や，洪水や渇水の予測に対して必要不可欠な情報である．したがって，気象学だけでなく，水循環そのものを対象とする水文学においても，降水現象は従来から研究対象であった．ただし，気象学では降水の物理機構が主な研究対象であり，水文学では降水がどのような時間・空間分布で発生するかという実態そのものが主な研究対象であった．現在では，水文学も降水の物理機構を対象とし，それを考慮した利用手法が研究対象となっている．本章では，水文学における降水過程の重要性を述べるとともにそれに関わる主要な事項を概説する．また，降水を観測する手段としてレーダ雨量計による降雨観測について説明する．

3.1　水文学における降水過程の役割

　降水を扱う学問は気象学であるという認識が一般的であろうが，河川・湖沼・地下水などの陸上の水を主な研究対象とする水文学の中でも降水とその発生機構は重要な研究分野となっている．それは，水文学が対象とする水循環過程の解明において，蒸発散過程のシンク，流出過程のソースとしての降水過程を欠くことができないからである．そこで水文学における降水過程の役割を例を挙げて説明しよう．
　地球温暖化に伴って降水の発生や分布に変化が起こるといわれている．そのとき，降水の変化を詳細に知ろうとすると，降水過程をできるだけ詳細に予測モデルに反映させながらも数十年から百年にわたる長時間の数値シミュレーションを

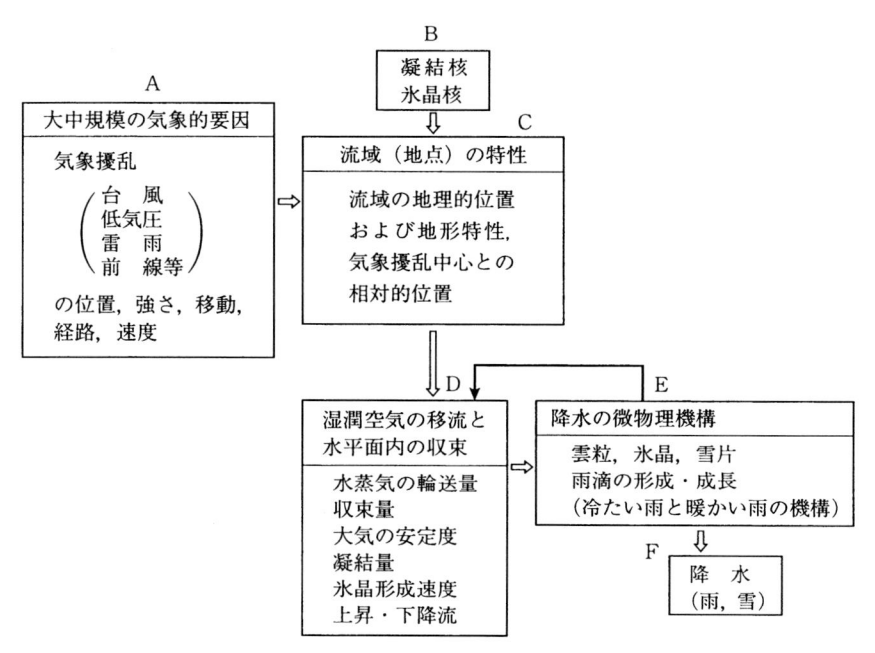

図3.1 降水の発生過程の模式図

A：大中規模の気象的要因
　気象擾乱
　　（台風
　　　低気圧
　　　雷雨
　　　前線等）
　の位置，強さ，移動，経路，速度

B：凝結核
　　氷晶核

C：流域（地点）の特性
　流域の地理的位置およ　び地形特性，気象擾乱中心との相対的位置

D：湿潤空気の移流と水平面内の収束
　水蒸気の輸送量
　収束量
　大気の安定度
　凝結量
　氷晶形成速度
　上昇・下降流

E：降水の微物理機構
　雲粒，氷晶，雪片
　雨滴の形成・成長
　（冷たい雨と暖かい雨の機構）

F：降水（雨，雪）

地球規模あるいは地域規模で可能とするような表現方法が求められる．一方，豪雨が生起した際に中小河川や都市の下水道を流れる水量を正確に予測しようとすれば，10～20km四方程度の流域内に降る降雨の分布を数分から数時間という詳細な時間スケールで予測する必要が生じてくる．このように水循環を扱う上では，長期間から短時間に至るまであらゆる時空間スケールの降水現象が水文学の興味の対象となってくる．

　降水の発生過程を模式的に表すと，**図3.1**のように表現できる．この図は，大中規模の気象的要因（A）が，対象とする流域の上空の気温，気圧，湿度，風速など（D）を変化させることによって，大気中に浮遊する核となる物質（B）を中心に雨滴や雪などからなる降水粒子を形成（E）し，降水（F）をもたらすことを模式化している．その過程で，降水粒子の形成（E）は大気の状態（D）を変化させ，その相互作用で降雨の分布や継続時間が決定されることもこの図は表している．ここで流域を視点の中心に据えると，その対象流域の気象要因からの相対的位置，地理的位置や地形（C）などが考察の際に重要になる．すなわち，

予測手法の開発や現象の理解が進んでいる大中規模の気象的要因と，流域の位置や地形特性とによって，流域内部における降水量や降水分布の変動を説明したり，予測したりすることが目標となる．

ただし，似たような大中規模の気象要因が流域付近に発生したとしても，同様の降水量や降水分布となるとは限らない．それは降水粒子の形成と大気状態の相互作用が非線形性の強い現象であるためである．したがって，降水の物理過程の理解をおろそかにして，外的要因のみから流域内部の降水過程を説明することはできない．流域上空の大気場（D）と降水粒子の形成過程（E）の物理機構を理解して，考察対象に応じた降水過程の表現方法を選択する必要が生じてくる．最近では，ヒートアイランド等に代表される都市の影響や，水田を考慮することの重要性など，陸面過程と降水過程との関わりも着目されている．

一方，環境問題が水文学の重要な課題となることは異論がないところである．酸性雨を例にとって説明すると，大気中に浮遊する核となる物質（B）には硫化物や窒素酸化物なども含まれ，それ自体が汚染物質である場合もあるし，降水粒子の形成（E）を通して汚染物質を取り込むこともありうる．汚染物質が降水粒子に取り込まれる過程は，汚染物質自身が非常に小さなものであるために，降水粒子1つ1つの形成過程と密接に結びついていると考えられている．降水過程は，酸性雨，酸性雪の発生を理解する際にも欠かせないものである．

3.2 大気現象のスケール

大気現象のうち，組織的な空気の流れ全体を循環といい，定常状態からの乱れを擾乱という．**図3.2**に示されるように，擾乱・循環は時空間的にゆるやかな階層構造をなしている[1]．図3.2は現象の時空間スケールを併記しているが，時間スケールを決定する尺度は，突発的に発生する竜巻などの場合には発生から消滅までの時間，繰り返して生起したり強弱を変えたりする場合にはその周期，形や強さをあまり変えないで移動している，たとえば台風などの現象では，その現象がある地点を通過するのに要する時間のことである．空間スケールの尺度は積雲や雷雨のように孤立した現象ならばその水平サイズであり，温帯低気圧や移動性高気圧のように類似した現象が相互に並んでいる場合には隣り合ったどうしの距離，偏西風帯の波動などではその波長のことである．時間スケールが長い現象は

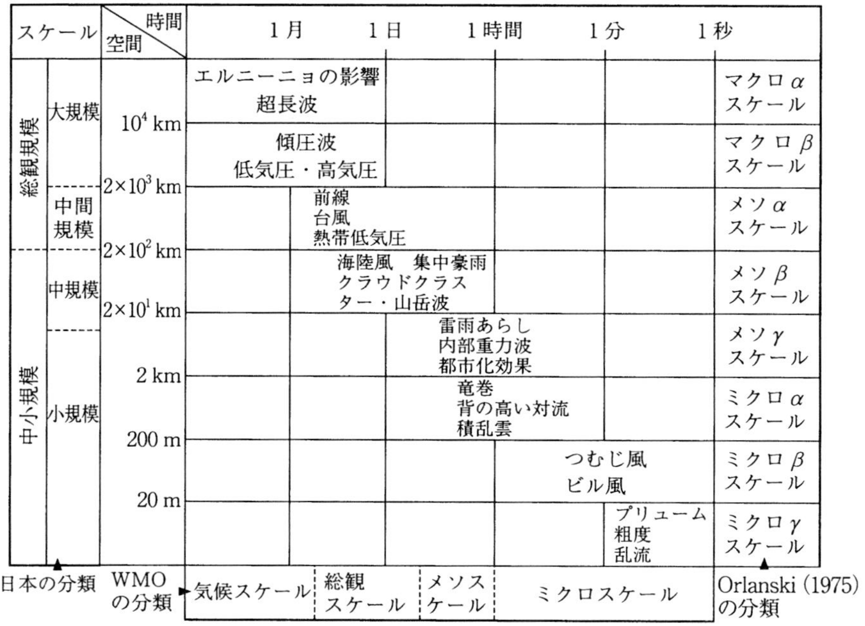

スケール		時間 空間	1月	1日	1時間	1分	1秒	
総観規模	大規模	10^4 km	エルニーニョの影響 超長波					マクロ α スケール
		2×10^3 km	傾圧波 低気圧・高気圧					マクロ β スケール
	中間規模	2×10^2 km		前線 台風 熱帯低気圧				メソ α スケール
	中規模	2×10^1 km		海陸風　集中豪雨 クラウドクラス ター・山岳波				メソ β スケール
中小規模		2 km			雷雨あらし 内部重力波 都市化効果			メソ γ スケール
	小規模	200 m			竜巻 背の高い対流 積乱雲			ミクロ α スケール
		20 m				つむじ風 ビル風		ミクロ β スケール
							プリューム 粗度 乱流	ミクロ γ スケール
日本の分類		WMO の分類	気候スケール	総観 スケール	メソス ケール	ミクロスケール		Orlanski (1975) の分類

図 3.2 時間・空間スケールによる大気中の循環・擾乱の分類

空間スケールが大きく，その逆もあてはまる．

ここで日本の流域のスケールを考える．日本で最も流域面積の広い利根川（流域面積：16,840 km^2）は水系全体の流域が，図 3.2 の大気のスケールでは中間規模スケールの中でも小さい方に分類される．利根川水系には多数のダムや貯水池群で水系全体を管理しているため，注目すべきスケールはそれぞれのダムや貯水池の流域のスケール（〜数百 km^2 程度）であり，大気擾乱のスケールからすると中規模スケールの中でも小さい方に分類される．これはオルランスキー（Orlanski）の分類では，メソγスケールの大きい方からメソαスケールの小さい方に分類されることになる．

メソαスケールの大気擾乱をみると，台風や前線という用語が，そして，中間のメソβスケールの大気擾乱には，集中豪雨，クラウドクラスターといった用語が目に付く．すなわち，台風や前線は水系全体をまたいで現象が起こることがわかる．また，1 時間から数時間にわたって激しい降雨を引き起こす雷雨あらしが生起する範囲は，1 つのダムや貯水池の流域だけで，その隣のダムなどには

それほどの降雨がみられないという状況があり得ることがわかる．

3.3 降水の分類

　降水をもたらすような雲が生成されるためには空気塊が広く厚く冷やされることが必要である．一般には空気塊が上昇し断熱的に膨張することで空気塊は大規模に冷やされる．上昇速度の強さや，その高度の違いなどにより雲の形状は異なり，大きくは層雲，乱層雲などのゆっくりした上昇流によって形成される薄く横に広がる層状性雲と，積雲，積乱雲など急激な上昇流によるかたまり状（積雲状）の対流性雲とに分類される．

　層状性雲からの雨は，しとしとと降り続き，強弱の変化の比較的少ない降り方をする．このような雨を地雨（じあめ）という．温暖前線下で降る雨が該当する．一方，対流性雲からの雨は，一時的または断続的に降り，雨滴の大きさもより大きくなる．このような雨を驟雨（しゅうう）またはにわか雨という．この雨は，急に始まり急に終わること，降雨強度が急に大きく変化するという特徴をもっている．寒冷前線下や台風で降る雨が該当する．

　Houze[2]は層状性雲と対流性雲の違いについて定量的な定義をしている．そこでは，雲を構成する粒子のうち氷晶や雪などの氷の物質の落下速度と雲内部の鉛直風速の関係から，層状性の雲とは，内部の鉛直風速が氷晶や雪などの落下速度（1～3 m/s 程度）よりも小さいものであると定義している．この定義の背景には，雲を構成する粒子によって，そこからもたらされる降水の性質が変わってくるという考えがある．降水粒子の違いによる降水の性質の違いを説明すると，雲の中の気温がどこも 0℃ よりも高くて，氷の粒を含んでいないような雲を「暖かい雲」（warm cloud）といい，その雲からの雨を「暖かい雨」（warm rain）という．熱帯地方で降るシャワーは暖かい雨であるといわれている．

　一方，雲が上空にあって 0℃ よりも気温が低い場合には，降水粒子の構成要素として氷の粒を含む．これを「冷たい雲」（cold cloud）という．その氷が落下して 0℃ 以上の大気を通過する際に融解し，雨として地上に落下してくることがある．これを「冷たい雨」（cold rain）という．日本の盛夏に見られる入道雲からのにわか雨は，対流性雲（積乱雲）からの驟雨と読み替えることができる．このとき，積乱雲は上空 10 km に達することもあり，そこからの雨は「冷たい雨」

である．ちなみに入道雲を遠くから見た場合に，その上空が白っぽく下層が黒っぽく見えることがあるがそれは主たる構成粒子が上空では氷晶や雪などであり，下層では水滴であるからである．

3.4 降水のメカニズム

降水機構を表現する場合，大気の流れを表現する部分と，降水粒子の生起・発達を表現する部分にわけることが多い．前者は流体力学・熱力学を基本としている．後者の理論体系を雲物理学とよぶ．以下では，熱力学過程，流体力学過程，雲物理過程のうち，降水過程と密接に関係する部分について説明する．

3.4.1 大気の上昇機構

a. 静力学的大気安定度　　大気安定度という言葉の中には，運動している平衡状態の大気の安定度について定義された力学的安定度という意味と，静止して静力学的平衡状態にある大気について定義された静力学的安定度の両方の意味が含まれる．ここでは，後者の方を扱う．すなわち重力による力が鉛直方向の気圧傾度に釣り合って，

$$\Delta P = -\rho g \Delta z \tag{3.1}$$

という関係で記述される静力学的平衡状態における安定度を扱う．ただし，zは地表水平面に鉛直な方向の座標，Pは気圧，ρは空気の密度，gは重力加速度，Δはそれらの増分を表す．このとき，静力学的平衡状態にある静止した大気において，空気塊が鉛直方向に変位したとき，元に戻ろうとするならば安定，さらに変位しようとするならば不安定といい，その度合いを静力学的安定度という．

熱力学の第1法則により，空気に与えられる熱量の保存則は次式で表される．

$$\Delta Q = C_V \Delta T + P \Delta \alpha \tag{3.2}$$

ここで，Qは熱量，C_Vは定積比熱，Tは気温，Pは圧力，αは比容（単位質量あたりの空気の体積），Δはそれらの増分を表す．これと単位質量の気体の状態方程式$P\alpha = RT$を微分して得られる

$$P\Delta\alpha + \alpha\Delta P = R\Delta T$$

を用いることにより

$$\Delta Q = C_P \Delta T - \alpha \Delta P \tag{3.3}$$

3.4 降水のメカニズム

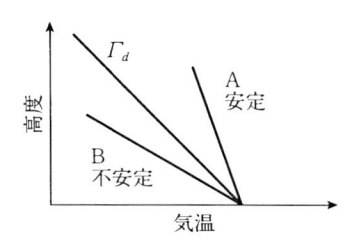

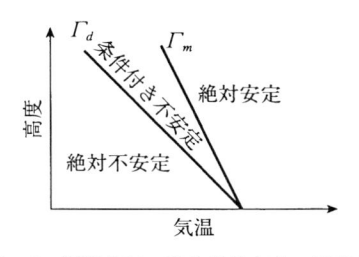

図 3.3 乾燥空気の静力学的安定・不安定

図 3.4 湿潤空気の静力学的安定・不安定

が得られる．ここで $C_P = C_V + R$ あり，C_P は定圧比熱，R は気体定数である．この式と静力学的平衡の式（3.1）から，

$$\Delta Q = C_P \Delta T + g \Delta z \tag{3.4}$$

が得られる．ここで空気塊は断熱変化をするものとすれば $\Delta Q = 0$ として，

$$-(\Delta T / \Delta z) = g / C_P = \Gamma_d \tag{3.5}$$

が得られる．この Γ_d は空気塊の断熱的な鉛直変化に伴って温度が下がる割合であり，乾燥断熱減率とよばれる．$\Gamma_d = 0.976℃/100\,\mathrm{m}$ である．

乾燥した空気塊が鉛直上方に変位する場合には乾燥断熱減率に従って気温が変化する．したがって，**図 3.3** の A のように，静力学的平衡状態にある静止した大気の気温の鉛直勾配 Γ が乾燥断熱減率より小さい場合には，変位した空気塊は周りの空気より相対的に低温となる．乾燥空気の気体定数を R_d としたときの気体の状態方程式 $P = \rho R_d T$ からもわかるように，低温の空気は密度が大きく重いので元の位置に戻ろうとする．すなわち，この場合（$\Gamma < \Gamma_d$）は安定である．逆に，図 3.3 の B のように周りの大気の気温の勾配が乾燥断熱減率より大きい場合には，鉛直上方に変位した空気塊は，相対的に軽くなりさらに変位しようとする．すなわち不安定である．

飽和に達した空気塊を断熱的に上昇させた場合は，空気塊は同様に気温が下がるが，それとともに飽和水蒸気密度も低下して，水蒸気は凝結する．その際に潜熱を放出し，この熱が空気塊を暖めるので，上昇に伴う気温の下がり具合は乾燥断熱減率より小さくなる．このように，飽和した空気塊が断熱的に鉛直上昇する際の気温減率は，湿潤断熱減率 Γ_m といわれる．$\Gamma_d > \Gamma_m$ であるから，空気塊を断熱上昇させたときに，飽和していなければ周りの気温より空気塊の気温が低く安定であるが，飽和している場合には空気塊の気温が相対的に高くなり不安定となる場合がある．すなわち，大気の静力学的安定・不安定には，**図 3.4** に示すよ

うに以下の3種類が考えられ，それぞれ次のようによばれる．
- 乾燥状態でも不安定（飽和状態でも不安定）：絶対不安定（$\Gamma > \Gamma_d$）
- 乾燥状態では安定だが飽和状態では不安定：条件付き不安定（$\Gamma_d > \Gamma > \Gamma_m$）
- 飽和状態でも安定（乾燥状態でも安定）：絶対安定（$\Gamma < \Gamma_m$）

　これらの静力学的安定度の概念は最も基本的なものである．実際には，静力学的安定度を考える際に，鉛直上昇する途中で飽和に達した場合なども考えられ，上述した3種類がすべてではない．

b. 大気の収束による上昇　上述したように，大気中の空気塊が少し上昇すると，静力学的に不安定な大気であれば空気塊がさらに上昇する．また，空気塊が飽和に達すると凝結によって水滴をつくりながら，潜熱を放出してさらに軽くなり，上昇しやすくなる．したがって，飽和に近い水蒸気量を含む条件付き不安定な大気があれば，何らかの力でその一部が上昇することによって，空気塊は水滴をつくりながら上昇し，雲が形成される．大気中の空気塊を上昇させる力として，山腹斜面による強制的な上昇，熱的な不安定による上昇といったものがあるが，ここでは大気の収束による上昇について説明する．

　いま地面が平らである領域を考え，ある地点を座標原点として，地面に平行に右手系をなすようにx軸・y軸をとる．すると，鉛直方向のない2次元の風を考えた場合には，地面に平行に吹く風の風速は，x方向成分uとy方向成分vとして記述できる．このように風はベクトル（風速ベクトル$\boldsymbol{u}$）として表現できる．風をベクトルとして表現したので，ベクトル解析における発散（divergence）を風速ベクトル(u, v)に当てはめてみると，

$$\mathrm{div}\,\boldsymbol{u} = \frac{\partial u}{\partial x} + \frac{\partial v}{\partial y} \tag{3.6}$$

となる．この値が正のときには発散があるといい，負のときには収束があるという．ある微小な四角形を考えると，収束があるということは，その四角形に入る空気量が出る空気量より大きいということであり，発散はその逆を意味する．収束や発散がある場合にも，空気の質量は保存されなくてはならない．この場合，空気の密度変化は無視してよいためz方向の風速成分によって質量保存が満たされることになる．すなわち，地表付近で2次元的に収束がある場合には鉛直上昇風が生起し，発散がある場合には鉛直下降風が生起する．この上昇風が大気の空気塊を上昇させる力となる．

収束をもたらす大気現象でイメージしやすいのが，台風を含む低気圧であろう．低気圧の周囲から中心に向かって風が吹き込む状態では中心付近に強い収束場があり，低気圧や台風の中心付近の地表では上昇風がある．より小さなスケールでは，竜巻の中心でも大気の収束がある．メソγ-αスケールの現象では，対流性雲からの降水に伴う下降流の吹出しと雲の周囲の一般風の間に収束が生じ，親雲から子雲ができるかのごとく，新たな対流性雲を生起させることがある．

3.4.2 降水・雲物理過程

a. 凝結 前項で述べたように，水蒸気を大量に含む空気が上昇すると，水蒸気が凝結して降水粒子が生じる．大気中の水蒸気は飽和水蒸気密度に達すると凝結するが，まったく清浄な空気中に存在する水蒸気が凝結するためには，水滴の表面張力に対するエネルギーが必要となる．そのため，水蒸気密度が飽和水蒸気密度に達しただけでは水滴が生じることはなく，飽和水蒸気密度の4～5倍程度の水蒸気が存在しても凝結が起こらないことが理論的にはあり得る．これを過飽和状態という．実際の大気中では空気中に存在する微粒子が核となって水滴や氷粒ができるために，そのような場合はほとんどない．この微粒子のことを凝結核（氷粒になる場合には氷晶核）とよび，核を中心に水滴が生じる過程のことを凝結核あるいは氷晶核の活性化過程とよぶ．

凝結核・氷晶核となる微粒子は，陸地の地表から吹き上げられた土壌粒子，海水のしぶきが蒸発してできた海塩，火山によって吹き上げられたもの，自動車や工場からの煤煙を起源とするものや，硫酸塩や硝酸塩などの光化学反応によって生起するものがあり，総称してエアロゾルといわれている．このように，凝結核・氷晶核の中には，汚染物質も含まれている．それが凝結核の活性化を経た後，降水として地上に到達すると酸性雨や酸性雪となる．

凝結核を中心に水蒸気が凝結する場合には，清浄な空気中での凝結と比べて水滴の半径が大きくなり，水滴の表面張力に対して必要となるエネルギーが小さくなる．そのため飽和水蒸気密度に対して大気中の水蒸気密度がごくわずかに過飽和になった状態で水蒸気分子が水滴に向かって拡散し，水滴を成長させる．これが凝結過程である．

b. 衝突・併合 凝結過程で水滴が成長する速度は，水滴の半径の逆数に比例する．したがって，水滴半径が小さいうちは成長速度が速いが，半径が大きく

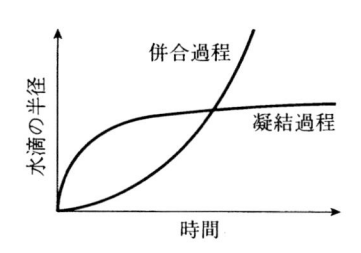

図 3.5 凝結過程と併合過程の成長速度

なると成長速度が遅くなる．たとえば，計算上では最初に直径 2 μm であった水滴は 10 分後には 18 μm に成長するが，最初に直径 50 μm であった水滴では，10 分後に 55 μm にしかならない．雨粒となって降ってくる水滴は直径 1 mm 程度やそれ以上にもなり，凝結過程だけではその成長速度は説明できない．この水滴の急激な成長を説明するのが，併合過程である．

併合過程とは，水滴どうしが衝突してより大きな水滴を形成する過程であり，基本的には降水粒子が衝突する過程を確率によって表現することになる．降水粒子が単位体積中に多く含まれていたり，降水粒子の半径が大きい方が，衝突する確率は高くなると考えられる．実際には降水粒子の半径のべき乗にほぼ比例して衝突確率が上昇する．凝結過程の成長速度と衝突過程の成長速度を模式化すると図 3.5 のように表される．水滴は，半径が小さいときには主として凝結過程によって成長し，半径がある程度大きくなると衝突による併合過程によって成長する．

c． 凍結・昇華・着氷　水滴は成長しながら上昇し，0℃ よりも低温になると凍結する．これが凍結過程である．しかし，このときに，0℃ を境にすべての水滴が一度に凍結するわけではない．それは，先にも述べた水の表面張力によって小さい水滴ほど凍りにくいためである．このように 0℃ より低温でも凍らない水滴を過冷却水滴とよぶ．世界各地で様々な雲について測定した結果によると，雲の最上部（雲頂）が 0 ～ −4℃ であるような雲はほとんどすべてが過冷却水滴で構成されているという．

また，水蒸気が水にならずに直接，氷になることがある．これは昇華過程である．昇華過程も凝結過程と同様に扱うことができる．しかし，水面に対する飽和水蒸気密度は氷面に対する飽和水蒸気密度より大きい（**図 3.6**）．つまり，過冷却水滴と氷粒子が混在するような大気中では，大気中の水蒸気が，水滴に対しては不飽和であり，氷に対しては過飽和という状況が生まれる．すると，凝結過程

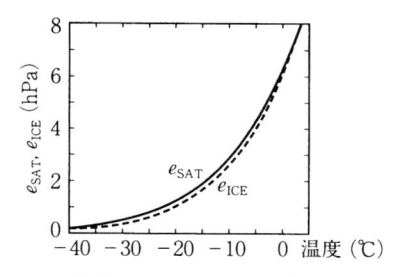

図 3.6　水面と氷面に対する飽和水蒸気圧（e_{SAT}, e_{ICE}）

を逆向きにたどって水滴が水蒸気に変化する一方，水蒸気が昇華過程によって氷に変化する．すなわち，水滴の水が一度，水蒸気になることによって氷粒子の質量を増加させるのである．

さらに，併合過程で述べたように，衝突確率は降水粒子の半径のべき乗に比例するから，上述した過程で小さな水滴から水を集めて大きな氷粒子をつくることができれば，その後，氷粒子が周りの過冷却水滴と衝突してそれらを取り込む成長速度も増加する．このように，過冷却水滴と氷粒子の衝突によって過冷却水滴は氷粒子の上に凍り付く．これをライミングという．こうして，最初は氷晶といわれるような小片であった氷粒子は，より大きな霰へと成長し，さらに成長して雹となって家屋や自動車などに被害を与えることもある．

d. 融解　　冷たい雨では，成長した氷粒子が落下して0℃に達すると融けて雨滴となり，地表に雨を降らせる．しかし，融解過程は降水粒子の表面の熱の収支によって決定される表面温度に依存して決定されるので，地上気温が3～4℃でも降雪となることがある．

3.5　降水の数値モデル

数値気象モデルとは，大気の状態を支配する方程式系を計算機を用いて数値的に積分し，物理量（風や気温や湿度など）の時間変化を定量的に求めることにより，将来の大気の物理的な状態を予測するモデルである．近年，気象庁の短期予報等，数値気象モデルを用いて降水を予測する数値予報とよばれる手法が広く用いられている．数値予報では，数値気象モデルとともに各種の気象観測値を用いて大気の初期状態を与える初期値化のスキームが必要となる．ここでは数値気象

モデルを概説する．

3.5.1 数値気象モデル

a. 数値気象モデルの構成　一般に数値気象モデルは，大気の状態を支配する物理法則を表す支配方程式系と，モデルが表現できる時空間分解能以下の現象（サブグリッドスケールの現象という）がモデル大気に及ぼす効果を表現するサブモデル（パラメタリゼーションという）から構成される．

大気の運動を支配する方程式系は，運動方程式（地球の回転を考慮したナビエ・ストークス方程式），熱力学方程式，連続方程式，水物質（水蒸気および降水粒子）の保存式である．数値気象モデルでは，これらの式を格子点法（水平，鉛直方向に規則的に配置された格子点上の値で大気の状態を表現する）あるいはスペクトル法（三角関数などの調和関数の複数の重ね合わせで大気の状態を表現する）によって離散化し，計算機を用いて数値的に積分する．

一方，パラメタリゼーションは格子点上の値から，サブグリッドスケールの現象がモデル大気に与える影響を評価するものである．乱流による拡散過程は乱流モデル，水蒸気が凝結して雲が成長し降水をもたらす過程などは降水・雲物理過程に基づいた降水モデルによって表現される．

b. 時空間スケールに応じた数値気象モデルの違い　注目する時空間スケールによって支配的となる気象現象が大きく異なるため，その時空間スケールによって数値気象モデルの内容も変更する必要がある．基礎方程式の違いによって数値気象モデルは静力学モデルと非静力学モデルにわけられる．全球あるいは領域スケールの気候および前線や低気圧の動きなど比較的時空間スケールの大きな現象に対しては，鉛直方向の運動方程式を静水圧の式で近似した静力学モデルが主に用いられる．集中豪雨や積乱雲など，短時間で局所的な現象に対しては，静力学モデルでは雲の表現が不十分であるため，鉛直方向の運動方程式を静水圧の式で近似せずにそのまま積分する非静力学モデルが使用される．

設定するモデルの空間解像度によって使用する降水モデルも異なる．時空間スケールの大きな現象を対象として比較的粗い空間解像度で計算を行う場合，積雲の発達に伴う鉛直流を十分に表現できないため，積雲に伴う鉛直流の強化も含めて取り扱う積雲対流のパラメタリゼーションとよばれる降水モデルを用いる必要がある．よく用いられる積雲対流のパラメタリゼーションとして，クオのスキー

ム，荒川・シューバートのスキーム等がある．

集中豪雨等短時間で局所的な現象を対象として細かい空間解像度で計算を行う場合は，大気に含まれる雲水量や降水粒子量を直接予報する降水モデルが用いられる．よく用いられる降水モデルとしては，熱帯や海洋上で見られる氷を含まない積雲を表現する暖かい雨のモデルと，大陸上で発達する霰や雹など氷を含む積雲を表現する冷たい雨のモデルがある．

3.5.2 数値気象モデルの具体例

名古屋大学地球水循環研究センターで開発されている雲解像の非静力学数値気象モデル CReSS（Cloud Resolving Storm Simulator）[3] について，使用される基礎方程式系と雲物理モデルの概要を示す．

a. 基礎式 以下で温位 θ という用語を使用するが，これは気塊の位置エネルギーと熱エネルギーの和を表す量（単位は K）であり，$\theta \equiv T(p_0/p)^{R_d/C_p}$ である．ただし T は気温（K），p は気圧（hPa），p_0 は標準の気圧（1000 hPa），R_d は乾燥空気の気体定数，C_p は定圧比熱を表す．

温位と圧力，水物質と水蒸気を考慮した大気密度 ρ について，静力学平衡

$$\frac{\partial \bar{p}}{\partial z} = -\bar{\rho} g \tag{3.7}$$

を満たす基準状態とそれからの偏差の関係が，

$$\theta = \bar{\theta} + \theta', \quad p = \bar{p} + p', \quad \rho = \bar{\rho} + \rho'$$

のように与えられ，大気密度については状態方程式，

$$\rho = \frac{p}{R_d T}\left(1 - \frac{q_v}{\varepsilon + q_v}\right)(1 + q_v + \Sigma q_x) \tag{3.8}$$

より診断的に与えられるとする．ここで q_v, q_x は水蒸気および水物質（雲水，雲氷，雨水，雲霰）の混合比，ε は水蒸気の分子量と乾燥空気の分子量の比である．大気密度以外の従属変数はすべて時間発展方程式系で表現され，地形を含まない場合の方程式系は以下のように表現される．

(a) 運動方程式

$$\frac{\partial \bar{\rho} u}{\partial t} = -\bar{\rho}\left(u\frac{\partial u}{\partial x} + v\frac{\partial u}{\partial y} + w\frac{\partial u}{\partial z}\right) - \frac{\partial p'}{\partial x} + \bar{\rho}(f_s v - f_c w) + \text{Turb. } u \tag{3.9}$$

$$\frac{\partial \bar{\rho} v}{\partial t} = -\bar{\rho}\left(u\frac{\partial v}{\partial x} + v\frac{\partial v}{\partial y} + w\frac{\partial v}{\partial z}\right) - \frac{\partial p'}{\partial y} + f_s \bar{\rho} u + \text{Turb. } v \tag{3.10}$$

$$\frac{\partial \bar{\rho} w}{\partial t} = -\bar{\rho}\left(u\frac{\partial w}{\partial x} + v\frac{\partial w}{\partial y} + w\frac{\partial w}{\partial z}\right) - \frac{\partial p'}{\partial x} + \bar{\rho}\,\text{Buoy}.\,w + f_c u\,\text{Turb}.\,w \qquad (3.11)$$

(b) 温位の方程式

$$\frac{\partial \bar{\rho}\theta'}{\partial t} = -\bar{\rho}\left(u\frac{\partial \theta'}{\partial x} + v\frac{\partial \theta'}{\partial y} + w\frac{\partial \theta'}{\partial z}\right) - \bar{\rho}w\frac{\partial \theta'}{\partial z} + \text{Turb}.\,\theta + \bar{\rho}\,\text{Src}.\,\theta \qquad (3.12)$$

(c) 気圧の方程式

$$\frac{\partial p'}{\partial t} = -\left(u\frac{\partial p'}{\partial x} + v\frac{\partial p'}{\partial y} + w\frac{\partial p'}{\partial z}\right) + \bar{\rho}gw$$

$$- \bar{\rho}c_s^2\left(\frac{\partial u}{\partial x} + \frac{\partial v}{\partial y} + w\frac{\partial w}{\partial z}\right) + \bar{\rho}c_s^2\left(\frac{1}{\theta}\frac{\partial u}{\partial x} - \frac{1}{Q}\frac{dQ}{dt}\right) \qquad (3.13)$$

ここで, $Q = 1 + 0.61 q_v + \Sigma q_x$

(d) 水蒸気および水物質(雲水, 雲氷, 雨水, 雲霰)の混合比の方程式

$$\frac{\partial \bar{\rho}q_v}{\partial t} = -\bar{\rho}\left(u\frac{\partial q_v}{\partial x} + v\frac{\partial q_v}{\partial y} + w\frac{\partial q_v}{\partial z}\right) + \text{Turb}.\,q_v + \bar{\rho}\,\text{Src}.\,q_v \qquad (3.14)$$

$$\frac{\partial \bar{\rho}q_x}{\partial t} = -\bar{\rho}\left(u\frac{\partial q_x}{\partial x} + v\frac{\partial q_x}{\partial y} + w\frac{\partial q_x}{\partial z}\right) + \text{Turb}.\,q_x + \bar{\rho}\,\text{Src}.\,q_x + \bar{\rho}\,\text{Fall}.\,q_x \qquad (3.15)$$

(e) 水物質(雲氷, 雪, 霰)の数密度の方程式

$$\frac{\partial N_x}{\partial t} = -\bar{\rho}\left[u\frac{\partial}{\partial x}\left(\frac{N_x}{\bar{\rho}}\right) + v\frac{\partial}{\partial y}\left(\frac{N_x}{\bar{\rho}}\right) + w\frac{\partial}{\partial z}\left(\frac{N_x}{\bar{\rho}}\right)\right]$$

$$+ \text{Turb}.\,\frac{N_x}{\bar{\rho}} + \bar{\rho}\,\text{Src}.\,\frac{N_x}{\bar{\rho}} + \bar{\rho}\,\text{Fall}.\,\frac{N_x}{\bar{\rho}} \qquad (3.16)$$

ここに, u, v, w は速度の水平2成分および鉛直成分, $\bar{\rho}$ は基準状態の密度, $\bar{\theta}$ は基準状態の温位, θ' は基準状態からの温位偏差, p' は基準状態からの気圧偏差, N_x は水物質(雲氷, 雪, 霰)の数密度, g は重力加速度, f_s, f_c はコリオリ係数, Buoy. w は浮力項, c_s は空気中の音速, Turb. ϕ はサブグリッドスケールの拡散項, Src. ϕ は生成・消滅項, Fall. ϕ は落下項をそれぞれ表す.

式中の Turb. ϕ については乱流による拡散を表現する乱流モデルを, Src. ϕ, Fall. ϕ については次項で示すように雲・降水の物理過程を表現する降水モデルを用いて定式化される. ここでは地形を含まない場合の基礎式を示したが, CReSS では地形に沿う座標系を採用して地形効果を表現することもできる.

b. 降水モデル(冷たい雨のモデル) CReSS では式 (3.12), (3.14), (3.15), (3.16) 中の Src. ϕ, Fall. ϕ を決定する際に, 短時間強雨をもたらすような積乱雲を表現する冷たい雨のモデルを使用することができる. 冷たい雨のモデルには, 降水粒子の粒径分布まで考慮したビン法と, 粒径分布は考慮せず降水粒子をいく

3.5 降水の数値モデル

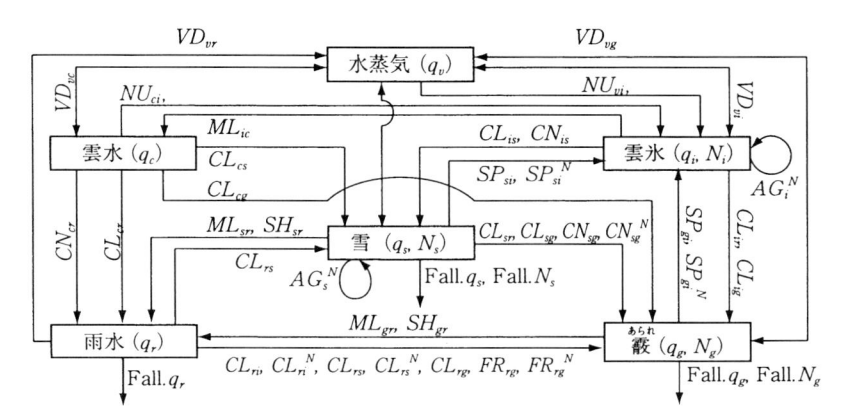

[図：雲・降水物理過程の概念図。水蒸気 (q_v)、雲水 (q_c)、雲氷 (q_i, N_i)、雪 (q_s, N_s)、雨水 (q_r)、霰 (q_g, N_g) の各カテゴリー間の変換過程が矢印で示されている。主な過程として $VD_{vr}, VD_{vg}, VD_{vc}, NU_{ci}, NU_{vi}, VD_{vi}, ML_{ic}, CL_{cs}, CL_{cg}, CL_{is}, CN_{is}, SP_{si}, SP_{si}^N, AG_i^N, CN_{cr}, CL_{cr}, ML_{sr}, SH_{sr}, CL_{rs}, AG_s^N, CL_{sr}, CL_{sg}, CN_{sg}, CN_{sg}^N, SP_{gi}, SP_{gi}^N, CL_{ir}, CL_{ig}, \text{Fall}.q_s, \text{Fall}.N_s, ML_{gr}, SH_{gr}, CL_r, CL_r^N, CL_{rs}, CL_{rs}^N, CL_{rg}, FR_{rg}, FR_{rg}^N, \text{Fall}.q_r, \text{Fall}.q_g, \text{Fall}.N_g$ が示されている。]

NU は氷晶の核生成 (nucleation)、SP は 2 次氷晶生成 (secondary nucleation of ice crystals)、VD は水蒸気の昇華・凝結・蒸発 (vapor deposition, evaporation and sublimation)、CL は衝突捕捉 (collection)、AG は凝集 (aggregation)、CN はあるカテゴリーから他のカテゴリーへの変換 (conversion)、ML は融解 (melting)、FR は凍結 (freezing)、SH は水の剥離 (shedding of liquid water) をそれぞれ表す.

図 3.7 CReSS で使用される冷たい雨のモデルにおける雲・降水物理過程の概念図

つかのカテゴリーに分けてそれぞれの濃度（混合比，数密度等）を扱うバルク法があるが，CReSS ではバルク法が採用されている．

図 3.7 に CReSS で使用される冷たい雨のモデルにおける降水・雲物理過程の概念図を示す．このモデルでは，降水・雲物理のカテゴリーとして水蒸気の他に雲水（水滴でできた雲粒），雲氷（氷でできた雲粒），雨水，雪，霰を考慮している．降水・雲物理過程に基づいて，各降水粒子間の変換（図中に示す矢印）を格子点上での各粒子の濃度（混合比および数密度）と大気の気温・湿度とを用いてモデル化し，降水粒子の濃度（混合比および数密度）の時間発展を計算する．このモデルでは，以下の物理過程が考慮され，雲・降水物理のカテゴリーによってそれぞれ定式化されている．

- 微粒子を種にした氷晶の生成（1 次的，および 2 次的な氷晶の核形成：図 3.7 中の NU, SP）
- 水蒸気拡散による粒子の成長と消耗（図 3.7 中の VD）
- 粒子間の衝突成長（図 3.7 中の CL, AG）
- 別のカテゴリーへの変換（雲水→雨水，雲氷→雪，雪→霰など）（図 3.7 中の CN）

・凍結と融解（図 3.7 中の *FR*, *ML*）
・未凍結水の剥離（図 3.7 中の *SH*）
・重力落下（図 3.7 中の *Fall.ϕ*）

最終的にモデル大気の最下層における *Fall.ϕ* が降水として出力される．なお，最近では対流性降水に地表面状態や都市の人工排熱などが与える影響も指摘されている．CReSS は詳細な陸面過程を組み込んだ陸面過程モデル（SiBUC）と結合した雲解像モデルとして展開され，豪雨発生におよぼすこれらの影響評価などにも用いられている[4,5]．

3.6 降水の観測

3.6.1 地上雨量計による降水観測

a. 地上雨量計の観測原理 降水量とはある時間内に地表の水平面に達した降水の量をいい，水の深さで表す．地上での降水観測には転倒ます形雨量計が最もよく使われている．気象庁が全国に平均して 17 km 四方に 1 か所配置している地域気象観測システム「アメダス」（AMeDAS, Automated Meteorological Data Acquisition System）においてもこの転倒ます形雨量計が用いられ，そのパルス信号を有線・無線でテレメータ化してデータの集中管理がなされている．図 3.8 にその内部構造図を示す．直径 20 cm の雨量受水器で集めた水が下のやじろべえ形の片方のカップに落ち，0.5 mm 入ると傾き排出され，もう一方のカップが次の 0.5 mm を受け入れて，交互に受水・排水を繰り返す．この雨量 0.5 mm ごとの転倒をパルス信号に発して受信し，その回数を数えることによってある時間内に降った降水量を測る．降雪の場合，受水器にヒーターを取り付け融かした量を同じ原理で測ることになる．

b. 地上雨量計による観測網 我が国の雨量観測所の数は，約 6,500 である[6]．その内訳は気象庁 2,187，建設省（現・国土交通省）2,505，都道府県 1,115，その他約 700 は電力会社等である．単純計算して国土面積 37 万 km^2 を 6,500 で割ると，57 km^2 に 1 台の雨量計が存在することになる．アメダスの降水観測所は全国に 1300 か所あり，そのうち 850 か所（約 21 km 四方に 1 台）は 4 要素（降水量に加えて，風向・風速，気温，日照時間）を観測しているほか，雪の多い地方の約 280 か所では積雪の深さも観測している．

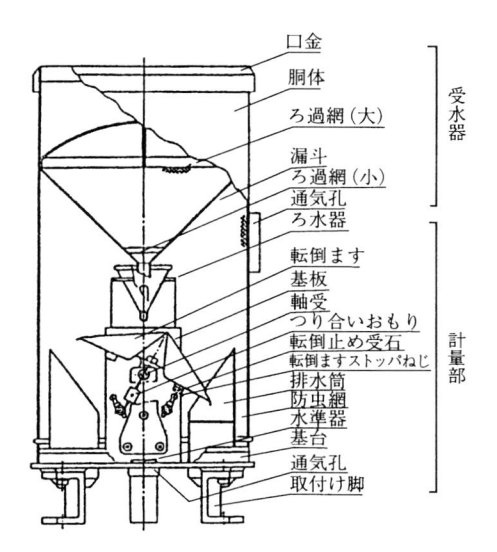

図3.8 転倒ます形雨量計

3.6.2 レーダによる降水観測

a. レーダ観測網　地上雨量計は点観測であるが，雨量を面的に観測する方法としてレーダがある．地上に設置されたレーダは，地上雨量計のネットワークでは観測できない比較的小さな雨域も監視することができる．気象レーダでは，半径数百kmに及ぶ広範囲内の雨や雪をごく短時間で観測する．レーダのアンテナから発射され雨滴や雪氷片に当たって戻ってきた電波の強さから空中の雨や雪の量あるいは強さを測る．アンテナを回転させることにより，広い範囲の観測が可能になる．気象庁による気象レーダは北海道3基，本州11基，四国，九州，種子島，奄美大島，沖縄，石垣島各1基で合計20基配備されている．国土交通省のレーダ雨量計システムは，北海道4基，本州16基，四国2基，九州3基，沖縄1基で合計26基配備されており，5分ごとに1.5km四方で，半径120kmの広域の雨量が定量的に監視できる（**図3.9**）．

レーダ雨量計は，電磁波のもつ直進性，等速性，散乱性を利用したもので，レーダのアンテナから放射された電磁波は，目標に当たって散乱し，散乱した一部が同一アンテナに戻って受信される．アンテナの向きと電磁波の往復に要する時間から目標の位置を測定し，反射波の強さ（レーダエコー）から目標の性質や大きさを測定するものである．レーダ雨量計は雨滴に対する電磁波の反射強度と減衰

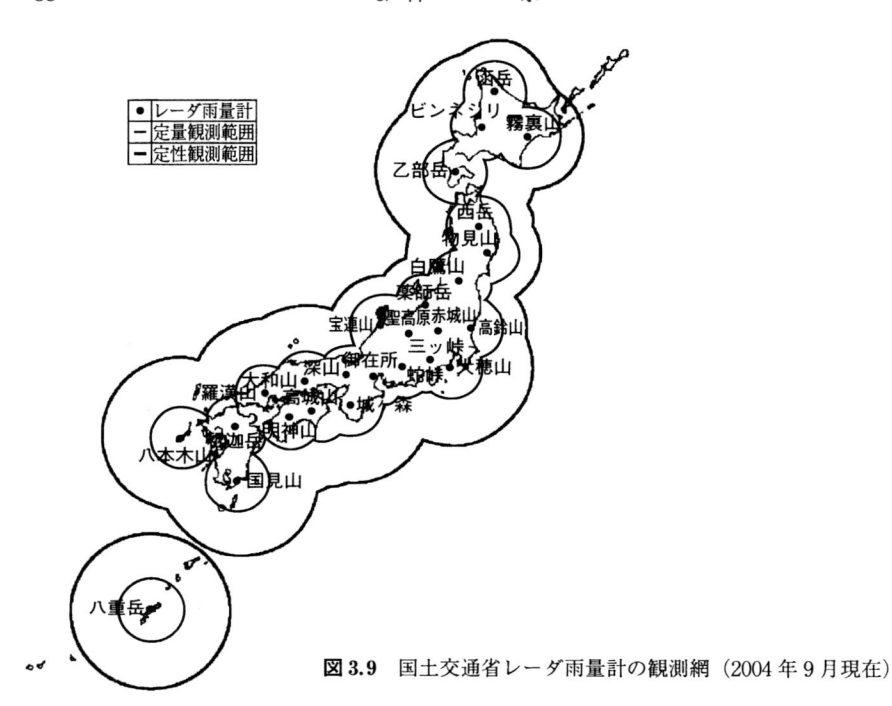

図 3.9 国土交通省レーダ雨量計の観測網（2004 年 9 月現在）

の特性から雨滴観測に適したマイクロ波を選定し，レーダから発射されるパルス状の電磁波が雨滴に反射して返ってくる反射エコー強度と降雨強度の間に相関関係が成立することを利用して雨量を推定する．アンテナを回転させながら電磁波を発射しているので全方向から反射エコーが得られ，その反射エコーを方向別距離別に，時・空間的平均化を行った後，降雨強度への変換がなされる．こうしたことからレーダ雨量計による雨量推定は瞬時性，連続性，直観性といった特徴を有することになる．

b. レーダ方程式とレーダ反射因子の推定　　レーダによる降水観測の原理について小平[7]，Doviak and Zrnic[8] 等を参考に述べる．球形降水粒子の直径を D，電波の波長を λ としたときに $\pi D/\lambda \ll 1$ であるならばレーリー近似が成立し，この近似が成立するときの散乱をレーリー散乱という．さらに，単位空間体積中に雨滴が充満していればレーダサイトから距離 d（$=ct/2$，c：電波の伝幡速度，t：電波が往復するに要する時間）の位置にある体積空間内からの受信電力 P_r は，

$$P_r = \frac{C|K|^2 \Sigma D^6}{d^2} = \frac{C|K|^2 Z}{d^2} \tag{3.17}$$

で表され，式（3.17）をレーダ方程式という．Σ は単位体積空間内での総和を意味し，C はレーダの送信電力，電波の波長，アンテナ特性，パルスの空間長等の特性で決まる定数でレーダ定数とよぶ．$|K|^2$ は雨滴の電磁特性および，誘電率によって定まる項であり，誘電率は温度と電磁波の波長の関数である．レーダ方程式内の Z は，レーダ反射因子といわれ，通常 $mm^6 \, m^{-3}$ 単位で表し，

$$Z = \Sigma D^6 = \int_0^\infty N(D) D^6 dD \tag{3.18}$$

で表される．$N(D)$ は，雨滴粒径分布と呼ばれ，$N(D)dD$ は単位体積空間中に含まれる直径 $D \sim D+dD$ の雨滴の個数である．

式（3.17）の受信電力 P_r からレーダ反射因子 Z を推定するには，レーリー近似が成立し，$|K|^2$ が既知である必要がある．$|K|^2$ の値は電磁波の波長と温度に依存することは既に述べたが，さらに降水粒子の状態に大きく依存し，それに比べれば温度への依存性は小さいものとなる．降水粒子が氷相である場合，雪，雹，霰などさまざまな形態がありうるので $|K|^2$ の値は一定ではない．また，降水粒子が雪ならば結晶を形成しているので，レーリー近似の条件が満たされているかについても明確ではない．そこで，通常は水に対する $|K|^2$ の値 0.93 を用いてレーダ反射因子 Z を算定する．この算定されたレーダ反射因子 Z を有効レーダ反射因子 Z_e といい，dB Z_e 単位で以下のように表される．

$$dB \, Z_e = 10 \log Z_e \quad (mm^6 \, m^{-3}) \tag{3.19}$$

c. 降水量の推定 雨滴の粒径分布 $N(D)$ が既知であるとレーダ反射因子 Z から単位体積中に含まれる雨滴の質量 M や大気の流れに相対的な降雨強度 R を算定することができる．通常，弱雨に対して平均的に成立するとされている Marshall and Palmer 分布

$$N(D) = N_0 \exp(-\Lambda(R)D) \tag{3.20}$$

を用いるとレーダ反射因子 Z，降雨強度 R，雨滴の質量 M は，雨滴の粒径を球形と仮定して以下のように求めることができる．

$$Z = \int_0^\infty N(D) D^6 dD = \frac{6! N_0}{\Lambda(R)^7} \tag{3.21}$$

$$R = \int_0^\infty \frac{4}{3} \pi \left(\frac{D}{2}\right)^3 N(D) v(D) dD \tag{3.22}$$

$$M = \int_0^\infty \frac{4}{3} \pi \left(\frac{D}{2}\right)^3 \rho_\omega N(D) dD = \frac{\pi \rho_\omega N_0}{\Lambda(R)^4} \tag{3.23}$$

ここで R の単位を mm h^{-1} として，$\Lambda(R) = 4.1 R^{-0.21}$ (mm^{-1})，$N_0 = 8.0 \times 10^3$ (mm^{-1}m^{-3})，$v(D)$ は雨滴の落下速度，ρ_ω は液相の水の密度である．したがって，この場合，式（3.21）よりレーダで観測されたレーダ反射因子 Z から降雨強度 R が求められる．しかし，実際には弱雨ばかりではない．そこで，通常ルーチン的にはレーダ反射因子 Z と地上雨量計によって観測された降雨強度 R_g との関係を

$$Z = BR_g^\beta \tag{3.24}$$

で表し，同定された B，β を他の降雨事例に適用してレーダ雨量を推定する．B，β をレーダ定数とよぶ．また，式（3.24）の関係は Z-R 関係または B-β 関係などとよばれる．なお，レーダ定数 B，β を同定する際に用いる地上雨量としては，我が国では，AMeDAS やテレメータ観測で得られるものを用いており，地上雨量は1時間降雨量を用いてレーダ定数を決定している．近年は，1時間降雨量ではなくそれよりも短い10分間テレメータ雨量などで観測された地上雨量を用いてレーダ定数を同定する試みも行われている．

d．レーダ雨量計による降雨観測例 現在国土交通省によって全国に配信運営されているレーダ雨量計は先の図3.9に示すとおり2004年9月現在で26基を数える．このうち深山，城ヶ森，赤城山，ピンネシリ各レーダ雨量計は，レーダビームの仰角を固定した仰角固定観測に加え，仰角可変観測ができ，広範囲にわたって降雨の3次元観測が可能である．**図3.10** は1986年7月に発生した梅雨末期の豪雨を事例として，その3次元降水強度分布を示したものである．兵庫県中央部上空かなりの高度まで 40 dBZ_e 以上の強エコーが延びている降水域で，発達した深い対流性雲をとらえたエコーが複数見られる．

3.6.3 その他のレーダ観測

レーダで観測されたレーダ反射因子から降雨量を推定する際には，式（3.20）〜（3.22）または式（3.24）を用いる．しかし，これらの式中には2つのパラメータ N_0，Λ または B，β が含まれる．したがって，レーダから降水量を推定するには少なくとも2つの独立した情報が必要になり，レーダ反射因子の情報だけでは限界がある．そのため，複数の波長あるいは多偏波のレーダを用いて降水粒子の種類（雨，雪，雹，霰等）や降水粒子の粒径分布そのものを推定しようとする試みが行われており，これらのレーダはマルチパラメータレーダとよばれる．たとえば波長の異なる電波を用いて，雨滴からの反射特性の差を利用して降水量をよ

3.6 降水の観測

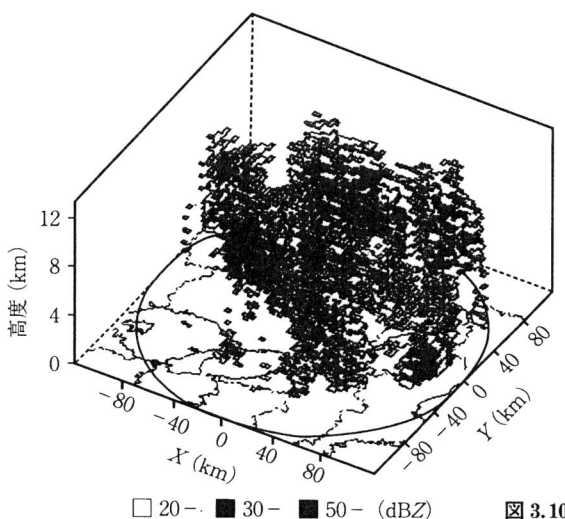

□ 20 - ■ 30 - ■ 50 - (dBZ)　　図 3.10　降水域の3次元形態と強度分布[9]

り正確に推定したり，降雨と雹の区別をしたりする2波長レーダがある．また，雨滴が大気中を落下するときの偏平した降水粒子からの受信電力値が水平偏波と垂直偏波とで異なることを利用して，雨滴粒径分布を推定し，さらに降水量を推定する2重偏波レーダがある．2重偏波レーダは降水粒子が氷相の場合には偏平しないことから降水粒子の種類の判別，とりわけ雨と雪の判別も可能である．

　一方，移動しつつある目標から反射される電波のドップラー効果によって生じる送信電波と受信電波との位相差を探知してビーム方向の移動速度を観測するドップラーレーダがある．すなわち目標物が波長 λ のレーダの中心に向かって速度 v で動いているとき，目標物から反射してくる受信電波はドップラー効果によって周波数が $2v/\lambda$ だけずれる．これを利用して物体の移動速度 v を測定するものである．降水過程および降雨予測に重要なファクターである大気の風速場の算定が可能となるので，その導入が期待される．

　人工衛星による降雨の監視も有望な技術である．静止軌道衛星ひまわりによって雨雲や台風の動きが時々刻々把握できる．衛星観測によって得られる雲頂温度から雨量を推定する試みがなされている．また，熱帯雨量観測衛星 TRMM では，降水レーダ PR により継続的に雨量の監視がなされており，軌道高度 350 km，軌道傾斜角 35 度の太陽非同期軌道で熱帯域の低緯度地域を中心に降雨観測がなされている．我が国の宇宙航空研究開発機構 (JAXA)，米国航空宇宙局 (NASA)，

欧州宇宙機関（ESA）の協力により2007年頃から予定されている8機の衛星群による次世代の全球降水観測（GPM）ミッションに大きな期待が寄せられている．

参 考 文 献

1) 新田　尚・立平良三・市橋英輔：天気予報の技術，東京堂出版，pp. 134-145 (1994).
2) Houze, R. J. : Cloud Dynamics, Academic Press, pp. 501-556 (1993).
3) 坪木和久・榊原篤志：CReSSユーザーズガイド第二版，pp. 4-65 (2001).
4) 相馬一義・田中覓治・中北英一・池淵周一：琵琶湖周辺の対流性降水に地表面状態及び局地循環が与える影響の検討，水工学論文集，**49**, pp. 259-264 (2005).
5) 伊藤洋太郎・茂木耕作・相馬一義・萬和明・田中覓治・池淵周一：詳細な陸面過程を組み込んだ雲解像モデルを用いた練馬豪雨発生に対する都市の影響評価，水工学論文集，**50**, pp. 385-390 (2006).
6) 建設省水文研究会：水文観測，（社）全日本建設技術協会 (1985).
7) 小平信彦：気象レーダの基礎，気象レーダ特集，気象研究ノート，**139**, pp. 1-31 (1980).
8) Doviak, R. J. and Zrnić, D. S. : Doppler Radar and Weather Observation, Academic Press (1984).
9) 中北英一・筒井雅行・池淵周一・高棹琢馬：3次元レーダー雨量計情報の利用に関する基礎的研究，京都大学防災研究所年報，**30** (B-2), pp. 265-282 (1987).

4. 蒸　発　散

　地表面や水面において液体として存在する水分が気体となって大気中に移動する現象を蒸発（evaporation）という．また，植生が根系層（root zone）から吸収した水分が，茎を通して葉の気孔（stomata）から大気中に移動する現象を蒸散（transpiration）という．これらを合わせて，地表面に到達した雨水が気体に相変化（phase change）して大気中へと移動する現象を蒸発散（evapotranspiration）とよぶ．蒸発散量は降水量と同様に一般に 5 mm/day などのように，単位面積対象期間当りの水深に換算して表現する．我が国では年間の降水量の 1/3 から 1/2 が蒸発散となって大気へと戻っていく．

　水循環（water cycle）の視点から見れば，蒸発散は地表に到達した雨水が水蒸気となって大気へと戻る過程であり，表層土壌を乾燥させることにより土壌層の浸透能を回復させ，降雨流出の形態を変化させる働きがある．蒸発散は表流水を減少させるため，水資源開発の立場から見れば損失と見なされる．一方，熱循環（energy cycle）の視点から見れば，蒸発散は地表面で得た気化熱（latent heat of vaporization）を大気へと輸送する過程であり，地表面が太陽から得た熱エネルギーを再分配させる働きがある．

　地表面から蒸発した水蒸気は大気中で凝結して再び降水となって地上に到達する．またこのとき，凝結熱が大気中に放出されて大気の循環を引き起こす．蒸発散は地球上の水循環と熱循環とにおいて重要な役割を果たしている．

4.1　蒸発散を支配する物理的要因

　地表面で水分が蒸発するためには，水分が液体から気体に相変化するための熱エネルギーが地表面に供給されなければならない．また，地表面から蒸発した水蒸気を大気中へと輸送する機構が必要となる．地表面への熱エネルギー供給の主

4. 蒸発散

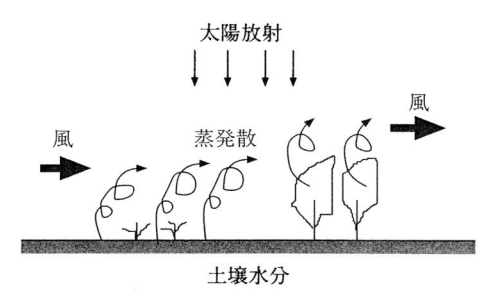

図 4.1 蒸発散を支配する物理要因

要な熱源は太陽放射（solar radiation）であり，水蒸気の輸送は地表面上の風と比湿（specific humidity，空気の密度に対する水蒸気の密度の比率）の鉛直勾配に依存する．これらは，大気側が蒸発散量を決定する条件である（**図 4.1**）．

一方，大気側から蒸発散を促進させるための十分な条件が与えられたとしても，地表面にそれに見合うだけの水分が存在するとは限らない．水面や降雨直後の地表面など飽和状態にある地表面では，大気側が要求するだけの蒸発量が発生するが，一般には地表面は不飽和状態にあり，大気側の条件を満たす水分は地表面には存在しない．なお，水面において，大気側の条件のみによって決まる蒸発量を可能蒸発量（potential evaporation）ということがある．

つまり蒸発散量は，主として太陽放射，地表面付近の風，地表面上に存在する水分量，植生に依存する．蒸発散の発生機構を理解するためには，放射エネルギーの地表面での分配機構，地表面付近での風の物理機構を理解する必要がある．4.2 節で述べる地表面での熱エネルギーの分配機構と 4.3 節で述べる地表面付近での風の物理機構が，4.4 節で述べる蒸発散量の測定法の理論的な背景となる．

4.2 地表面における熱収支

4.2.1 地表面が受ける放射エネルギー

地表面は，太陽から供給される下向きの短波放射量 $S\downarrow$ (W/m^2)，大気から供給される下向きの長波放射量 $L\downarrow$ (W/m^2) を受け，大気に向かって上向きの短波放射量 $S\uparrow$ (W/m^2) を反射し，上向きの長波放射量 $L\uparrow$ (W/m^2) を放出する（**図**

4.2 地表面における熱収支

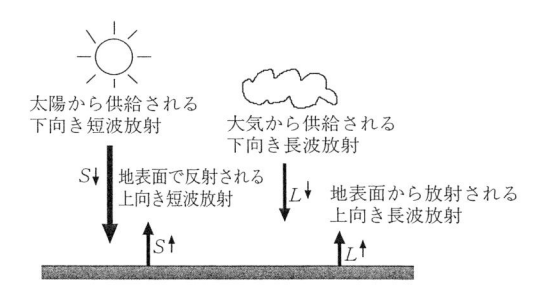

図 4.2 地表面における放射エネルギー収支

表 4.1 各種地表面でのアルベドの値

地表面	アルベド (%)	地表面	アルベド (%)
水　面	2～10	裸地（乾燥）	20～35
森　林	3～15	砂　地	15～30
草地（みどり）	10～20	砂　漠	25～40
草　地	20～25	雪（旧）	40～70
畑	15～25	雪（新）	70～90
裸地（湿潤）	5～15		

近藤，水環境の気象学，朝倉書店 (1994)，p.10，表 1.2 をもとに作成

4.2)．地表面での短波放射の反射率をアルベド（albedo）といい，この値を α とすると，$S\uparrow = \alpha S\downarrow$ である．α の値は**表 4.1** に示すように水面では 0.02～0.1，土壌面で 0.05～0.35，植生面で 0.1～0.25，新雪で 0.7～0.9 の値をとる．また，地表面温度を T_s（K），地表面の放射率（emissivity）を ε，シュテファン・ボルツマン定数（Stefan-Boltzmann constant，5.67×10^{-8} W m^{-2} K^{-4}）を σ とすると $L\uparrow = \varepsilon \sigma T_s^4$ である．ε の値はほとんどの地表面で 0.9～1.0 の値をとる．

これらの値を差し引きして，地表面に供給される正味の熱エネルギーを純放射量（net radiation）R_n（W/m^2）といい

$$R_n = S\downarrow - S\uparrow + L\downarrow - L\uparrow = (1-\alpha)S\downarrow + L\downarrow - \varepsilon \sigma T_s^4 \tag{4.1}$$

である．この式からわかるように，純放射量 R_n は大気側から供給される短波放射量 $S\downarrow$，長波放射量 $L\downarrow$ と，地表面のアルベド α，地表面温度 T_s，放射率 ε とによって決まる．$S\downarrow$ と $L\downarrow$ は比較的広範囲で同じ値をとると考えてもよいが，α と T_s および ε は，地表面の種類や状態によって様々な値をとるため，R_n は地表面ごとに様々な値を示す．

4.2.2 純放射量の分配

地表面に**図4.3**の点線で示すような領域を設定し，そこでの熱の収支式（energy balance equation）を考えると

$$\frac{dS}{dt} = R_n - H - \lambda E - G + A_1 - A_2$$

となる．dS/dt は考えている領域内の貯熱量の変化率である．H は顕熱輸送量（sensible heat flux）（W/m^2）であり直接，大気を加熱するために使われる．λE は潜熱輸送量（latent heat flux）（W/m^2）であり蒸発によって地表面から奪われる気化熱量を表す．λ は水の気化熱で 0℃ のとき 2.50×10^6（J/kg）であり，E（kg m^{-2} s^{-1}）は水分の輸送量，すなわち蒸発量を表す．G は地中への熱流量（soil heat flux）（W/m^2），A_1, A_2 はそれぞれこの領域に移流によって流入・流出する熱量（W/m^2）である．

地表面上の非常に薄い層を考えると瞬間的には dS/dt は 0 としてよく，また通常は移流による熱流入の効果は $A_1 = A_2$ として無視してもよい．したがって地表面において

$$R_n = H + \lambda E + G \tag{4.2}$$

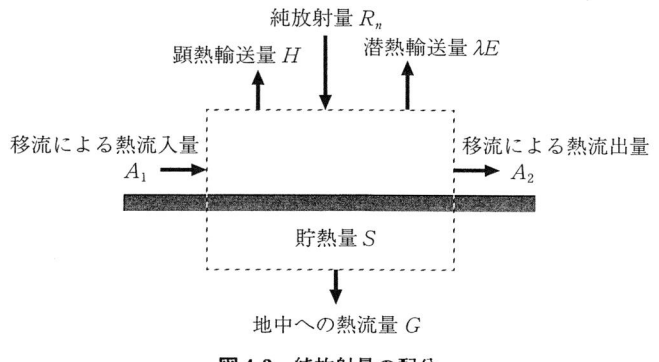

が成り立つ．つまり，地表面に供給された純放射量 R_n は H, λE, G に分配される．夏期にアスファルトで舗装された道路上が非常に暑くなるのは，道路上に水分が存在しないために λE が 0 となって R_n が H と G に分配されるためである．

図4.3 純放射量の配分

4.3 地表面付近の風と乱流拡散係数を用いた地表面フラックスの表現

　地表面とそれに接する大気の間では，運動量，顕熱量，水分量（蒸発散量）が交換される．これらの交換の強さは地表面付近の風速に依存する．ここでは，地表面付近での風の数理表現とそれを用いた運動量，顕熱輸送量，蒸発散量の表現方法を述べる．なお，運動量，顕熱輸送量，蒸発散量をまとめて地表面フラックス（surface fluxes）とよぶ．フラックスとは単位面積単位時間当りにある断面を通過する運動量（momentum），熱量（energy），質量（mass）などを意味する．

4.3.1 地表面付近の風と運動量の輸送

　大気の流れはほぼ常に乱流状態にある．運動量，顕熱量，水蒸気量はこの大気の乱れによって輸送される．大気の乱れを生み出す要因は風速の鉛直勾配と浮力である．地表面での摩擦のために風速は一般に下層ほど小さく，上下方向に風速勾配ができて大気は乱される．

　一方，地表面が太陽放射によって熱せられると，地表面付近の大気は暖められ軽くなって上昇し，その結果そこに重い空気が降りて来るために大気はかき乱される．以降では，大気に浮力が働かない中立に近い場合を対象とし，水平風速の鉛直勾配によって発生する地表面フラックスの輸送について解説する．中立以外の場合についてはたとえば近藤ら[1]を参照されたい．

a. レイノルズ応力　　地表面上のある高さで水平風速，鉛直風速，気温を非常に感度のよい観測器で測定すると，**図 4.4** のようにそれらが小きざみに変動している様子をとらえることができる．ここで，水平方向に x 軸，鉛直上方向に z 軸を取り，それぞれの方向の瞬間的な風速を

$$u = \bar{u} + u', \quad w = \bar{w} + w' \tag{4.3}$$

と表すことにする．$\bar{u}, \bar{w}$ はそれぞれの方向の平均風速，u', w' はそれらからの変動分であり，$\overline{u'} = 0, \overline{w'} = 0$ となるようにとる．ここで，変数の上に付した ‾ はその変数の時間平均値を表す．

　図 4.5 に示す水平断面を考えると，この断面を上から下に単位時間，単位面積当り通過する空気塊の体積は $-w$ である．この空気塊は x 方向に u の速度をもつため，単位時間，単位面積当り，この断面を通して上から下に運ばれる x 軸

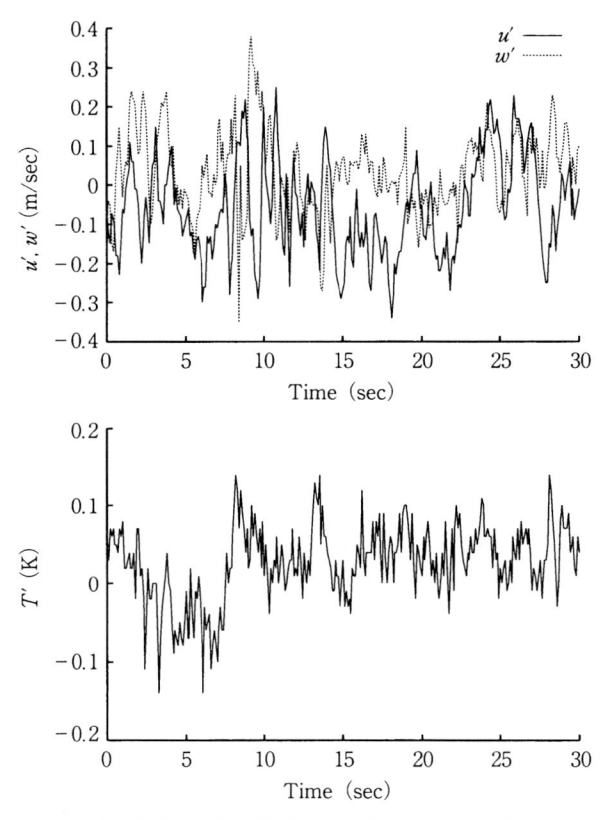

図 4.4 水平風速 u, 鉛直風速 w, 気温 T の変動の例. 超音波風速温度計を用い 0.1 秒ごとに観測したものであり, 10 分間の平均値からの偏差 u', w', T' を示している.

方向の運動量は $\rho u \times (-w)$ となる. ここで ρ は空気の密度を表す. この $-\rho uw$ の時間平均をとると

$$-\rho \overline{uw} = -\rho \overline{(\overline{u}+u')(\overline{w}+w')} = -\rho(\overline{\overline{u}\,\overline{w}} + \overline{\overline{u}w'} + \overline{u'\overline{w}} + \overline{u'w'}) = -\rho\overline{u'w'}$$

となる. ここで, 地表面付近では鉛直方向の平均風速は 0 なので $\overline{w} = 0$ としている. この運動量の移動に伴い, 運動量則によりこの断面にはせん断応力

$$\tau = -\rho\overline{u'w'} \tag{4.4}$$

が発生する. この応力は, 平均流を考えることによって発生するみかけのせん断応力であり, レイノルズ応力 (Reynolds stress) と呼ばれる. u' と w' とは無相関ではないため, レイノルズ応力の値は 0 ではない.

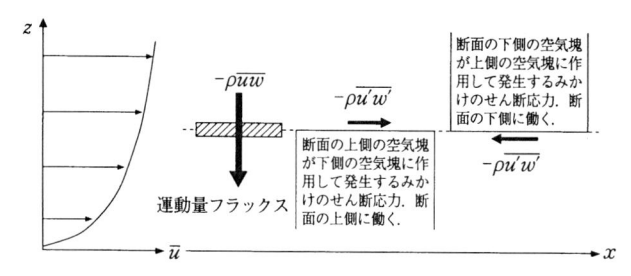

図 4.5 乱流によって交換される運動量とそれにより発生する
みかけのせん断応力．u' と w' とは負の相関関係がある
ため，水平風速が鉛直方向に大きくなる場合，運動量
フラックスの時間平均値は下方に向き，断面の上側に
は x の正方向にみかけのせん断応力が働く．

いま，z が大きいほど u が大きい場合を考えよう．一般に地表面付近の風速の鉛直分布はそうである．このとき，$w'>0$ のときは，下方ほど平均風速が遅いため，ほとんどの場合 $u'<0$ である．逆に，$w'<0$ のときは，平均風速の早い層から遅い層に移動するため，$u'>0$ である．したがって u' と w' との間には負の相関があり，$\overline{u'w'}<0$ である．図 4.4 からもその様子をとらえることができる．この場合，$-\rho\overline{u'w'}>0$ となって，断面の上側の空気塊が下側の空気塊を x 軸の正の方向に引きずることになる．逆に断面の下側の空気塊は，上側の空気塊の x 軸方向の動きに抵抗することになる．

b. 混合距離理論　　乱流によって発生するみかけのせん断応力 τ は式 (4.4) で表されることを示したが，u', w' を得るためには特別な観測が必要となる．そこで平均風速 $\bar{u}$ の関数として τ を表現することを考える．

乱れを作り出す要因は水平風速の鉛直方向の差であるため

$$\sqrt{\overline{u'^2}}=l_1\left|\frac{d\bar{u}}{dz}\right|, \quad \sqrt{\overline{w'^2}}=l_2\left|\frac{d\bar{u}}{dz}\right| \tag{4.5}$$

と仮定する．l_1, l_2 は長さの次元をもつパラメータである．u' と w' の相関係数を ξ とすると

$$\xi=\frac{\overline{u'w'}}{\sqrt{\overline{u'^2}}\sqrt{\overline{w'^2}}} \tag{4.6}$$

である．よって式 (4.4), (4.5), (4.6) より

$$\frac{\tau}{\rho} = -\overline{u'w'} = -\xi\sqrt{\overline{u'^2}}\sqrt{\overline{w'^2}} = -\xi l_1 l_2 \left|\frac{d\bar{u}}{dz}\right|\left|\frac{d\bar{u}}{dz}\right|$$

となる．ここで，前項で述べたように $d\bar{u}/dz>0$ のとき $\xi<0$，$d\bar{u}/dz<0$ のとき $\xi>0$ なので

$$\frac{\tau}{\rho} = |\xi| l_1 l_2 \left|\frac{d\bar{u}}{dz}\right|\frac{d\bar{u}}{dz}$$

と書くことができる．ここで $l^2 = |\xi| l_1 l_2$ とすると

$$\frac{\tau}{\rho} = l^2 \left|\frac{d\bar{u}}{dz}\right|\frac{d\bar{u}}{dz} \tag{4.7}$$

となって，τ を平均風速 $\bar{u}$ を用いて表すことができる．l は混合距離（mixing length）と呼ばれる長さの次元をもつパラメータである．さらに

$$K_M = l^2 \left|\frac{d\bar{u}}{dz}\right| \tag{4.8}$$

とおくと

$$\frac{\tau}{\rho} = -\overline{u'w'} = K_M \frac{d\bar{u}}{dz}$$

と書くことができる．ここで導入した係数 K_M [L^{2}T^{-1}] を乱流拡散係数（momentum diffusivity），または渦動粘性係数（eddy viscosity）とよぶ．これは粘性流体に対して成立する

$$\frac{\tau}{\rho} = \nu \frac{du}{dz}$$

と同様の式であるが，動粘性係数（kinematic viscosity）ν が流体に特有の値を示すのに対して，K_M は風速の関数となっており，かつ ν よりも 4～6 桁大きな値をとる．

c. 対数則　$d\bar{u}/dz>0$ の場合，式（4.7）から

$$\sqrt{\frac{\tau}{\rho}} = l\frac{d\bar{u}}{dz} \tag{4.10}$$

が得られる．混合距離 l は乱れによって空気塊が混ざり合う距離を概念的に表したものである．この値は，地表面付近では地表面の存在によって大きな値をとることができず，上空に行くほど大きな値をとると考えて

$$l = kz \tag{4.11}$$

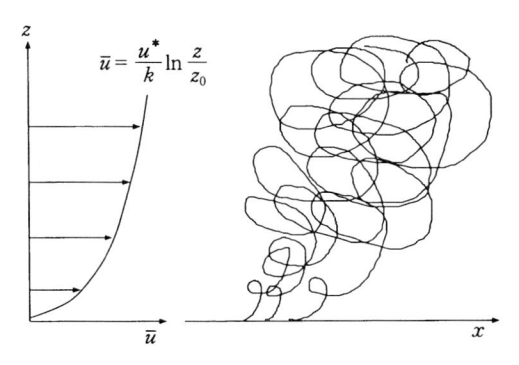

図 4.6 風速と乱れの鉛直分布

と仮定する．これを式（4.10）に代入し，$\sqrt{\tau/\rho} = u^*$ とすると，

$$u^* = kz \frac{d\bar{u}}{dz}$$

である．u^* は摩擦速度（shear velocity）とよばれる速度の次元を有する値であり，乱れの強さを表す．k はカルマン定数（Kármán constant）とよばれ，観測結果から約 0.4 の値をとることがわかっている．この式を変数分離形にして積分すると

$$\int \frac{1}{z} dz = \int \frac{k}{u^*} d\bar{u}$$

である．観測により，地表面付近では τ，すなわち u^* は高さによらずほぼ一定の値をとることがわかっているので，この式は

$$\ln z = \frac{k\bar{u}}{u^*} + C$$

となる．ここで $\bar{u} = 0$ のときに $z = z_0$ とすると

$$\ln \frac{z}{z_0} = \frac{k\bar{u}}{u^*} \tag{4.12}$$

となり，平均風速は

$$\bar{u} = \frac{u^*}{k} \ln \frac{z}{z_0} \tag{4.13}$$

と表すことができる．これを，風速の鉛直分布の対数則（logarithmic velocity profile）とよぶ（**図 4.6**）．ここで z_0 は空気力学的粗度（aerodynamic roughness length），あるいは粗度長（roughness height）とよばれるパラメータであり，地

表 4.2 各種地表面での空気力学的粗度の値

地表面	空気力学的粗度 z_0 (m)
大都市	1～5
田園集落	0.2～0.5
畑や草地	0.01～0.3
樹高 4 m の果樹園	0.5
草丈 0.1～0.8 m の水田	0.005～0.1
草丈 0.1～1 m の牧草地	0.01～0.15
海氷や積雪面	10^{-4}～10^{-2}
平らな積雪面	1.4×10^{-4}
水面（$U_{10} = 2$ m/s）	0.27×10^{-4}
水面（$U_{10} = 12$ m/s）	3.3×10^{-4}
平らな裸地	1.0×10^{-4}

近藤，水環境の気象学，朝倉書店（1994），p.101，表 5.2 をもとに作成 U_{10} は高度 10 m における風速

表面に特有の値を示す．表 4.2 に各種地表面での空気力学的粗度の値を示す．空気力学的粗度は大気の動きから見た地表面の粗さを表している．なお，乱流拡散係数 K_M は，式（4.10），（4.11）を用いて

$$K_M = l^2 \left| \frac{d\overline{u}}{dz} \right| = l\sqrt{\tau/\rho} = kzu^* \tag{4.14}$$

と書くことができる．この式によれば，K_M は高さと摩擦速度に比例して大きくなることがわかる．

4.3.2　乱流拡散係数を用いた顕熱輸送量・水蒸気輸送量の表現方法

空間上のある一点で気温 T（K），比湿 q（kg/kg または g/kg）を測定すると，それらの値は時間的に細かく変動しており，風速の場合の式（4.3）と同様に

$$T = \overline{T} + T' \tag{4.15}$$
$$q = \overline{q} + q' \tag{4.16}$$

と記述することができる．ここで比湿とは単位体積当りの空気の質量に対する水蒸気の質量比を表す．空気の定圧比熱を C_p（J kg^{-1} K^{-1}）とすると，$\rho C_p T$ は単位体積中の空気がもつ熱量（J/m^3）となるため，ここでの顕熱輸送量 H（W/m^2）は

$$H = \rho C_p \overline{Tw} = \rho C_p \overline{(\overline{T}+T')(\overline{w}+w')} = \rho C_p \overline{T'w'} \tag{4.17}$$

となる．$\overline{T'w'}$ の値は T' の値と w' の値が無相関であれば 0 となるが，u'，w' の関

4.3 地表面付近の風と乱流拡散係数を用いた地表面フラックスの表現

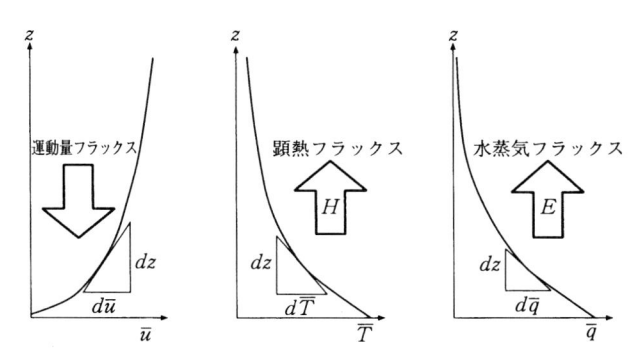

図 4.7 風速・気温・比湿の鉛直プロファイルと地表面フラックス

係と同様にこれらの値は無相関ではない.いま,下方ほど気温が高いとしよう.$w'>0$ の場合,下方から高温の空気が流入することになるため $T'>0$,逆に $w'<0$ の場合,上方から低温の空気が流入するため $T'<0$ となることが多い.実際,図 4.4 をみると,w' と T' とが正の相関をもって変動している様子をみることができる.つまり,$\overline{T'w'}>0$ となる.したがって,下方ほど気温が高い場合は $H>0$ となり,顕熱は上方に向かって流れる.

顕熱輸送量と同様に水蒸気の輸送量,つまり蒸発散量 E (kg m^{-2} s^{-1}) は,単位体積当りに含まれる水蒸気の質量が ρq なので

$$E = \rho \overline{qw} = \rho \overline{q'w'} \tag{4.18}$$

となる.運動量輸送を表す式 (4.9)

$$\overline{u'w'} = -K_M \frac{d\bar{u}}{dz}$$

と同様の表現が,顕熱輸送量,水蒸気輸送量にも適用できるとすると,

$$\overline{T'w'} = -K_H \frac{d\bar{T}}{dz}$$

$$\overline{q'w'} = -K_E \frac{d\bar{q}}{dz}$$

となり,これらと,式 (4.17),(4.18) から,顕熱輸送量,水蒸気輸送量は

$$H = -\rho C_p K_H \frac{d\bar{T}}{dz}$$

$$E = -\rho K_E \frac{d\bar{q}}{dz} \tag{4.20}$$

と表すことができる（**図4.7**）．ここで，K_H, K_E はそれぞれ顕熱輸送，水蒸気輸送に対する乱流拡散係数であり K_M と同様に $[L^2T^{-1}]$ の次元をもつ．また，右辺のマイナス記号は顕熱輸送量，水蒸気輸送量がそれぞれ気温，比湿の低い方に流れることを示している．

4.4　蒸発散量の測定法

図4.8 に蒸発散量の測定システムの一例を示す．測定項目は，地表面での熱収支に関わる項目と大気層における風速，気温，水蒸気の鉛直分布に関わる項目とからなり，これによって測定したデータを用いて蒸発散量を求める．森林からの蒸発散量を測定するためには，森林中にタワーを設置し，図4.8と同様の機器を樹冠上に設定する．以下で述べる方法は，前節までに解説した蒸発散の発生原理を理論的背景としており，測定法によって観測項目は異なる．どの測定法を採用するかは，その観測目的と観測する場の条件に依存するが，通常は，複数の測定法を用いて蒸発散量を求められるような測定システムを構成し，求めた蒸発散量を相互に検証できるようにする．

図4.8　米国オクラホマ州ノーマン市郊外に設置された蒸発散量の測定システム

高さ10mのタワーには，水平風速・風向・気温・相対湿度を測定する機器が設置されており，風速・気温は2高度で測定されている．また，タワー設置場所周辺で，気圧・日射・降水量が測定され，複数深度で土壌水分・地中温度が測定されている．オクラホマ州ではこのような微気象観測システムが100か所以上設置されており，水・熱環境が実時間でモニタリングされている．

4.4.1 渦相関法

渦相関法（eddy correlation method）は式 (4.17), (4.18)

$$H = \rho C_p \overline{T'w'}$$
$$E = \rho \overline{q'w'}$$

に基づき，T, q, w の変動を $1 \sim 10$ Hz で直接測定して図 4.4 に示すようなデータを得て，H, E を求める方法である．鉛直方向の風速，気温の測定には超音波風速温度計，湿度の測定には赤外線湿度計などを用いる．この方法はその測定原理から，直接法あるいは乱流変動法ともよばれる．大量の測定データを扱わねばならないため，長期間の測定には向かないとされてきたが，測定機器の向上によりこの目的にも用いられるようになってきた．

4.4.2 空気力学的方法

空気力学的方法（aerodynamic method）は，風速，比湿，気温の鉛直分布を測定し蒸発散量，顕熱輸送量を求める方法である．乱流拡散係数を用いた運動量，水蒸気輸送量の表現式は式 (4.9), (4.20) で示したように

$$\frac{\tau}{\rho} = K_M \frac{d\overline{u}}{dz}$$

$$E = -\rho K_E \frac{d\overline{q}}{dz}$$

である．これらの式を辺々割ると

$$E = -\tau \frac{K_E}{K_M} \frac{d\overline{q}}{d\overline{u}} \tag{4.21}$$

が得られる．ここで，高度 z_3, z_4 での水平平均風速をそれぞれ u_3, u_4，高度 z_3, z_4 での比湿をそれぞれ q_3, q_4 として

$$\frac{d\overline{q}}{d\overline{u}} = \frac{q_4 - q_3}{u_4 - u_3} \tag{4.22}$$

とする．高度 z_3, z_4 では風速を観測しておらず，高度 z_1, z_2 で水平風速 u_1, u_2 を観測している場合には，風速鉛直分布の対数則 (4.13)

$$\overline{u} = \frac{u^*}{k} \ln \frac{z}{z_0}$$

を用いると

$$u_4 - u_3 = (u_2 - u_1) \frac{\ln(z_4/z_3)}{\ln(z_2/z_1)}$$

となるので式 (4.22) は

$$\frac{d\bar{q}}{d\bar{u}} = \frac{(q_4 - q_3)\ln(z_2/z_1)}{(u_2 - u_1)\ln(z_4/z_3)} \tag{4.23}$$

となる．これを式 (4.21) に代入すると

$$E = -\tau \frac{K_E(q_4 - q_3)\ln(z_2/z_1)}{K_M(u_2 - u_1)\ln(z_4/z_3)} \tag{4.24}$$

となる．対数則より

$$u^* = \frac{k(u_2 - u_1)}{\ln(z_2/z_1)}$$

であり，$u^* = \sqrt{\tau/\rho}$ から

$$\tau = \rho \left\{ \frac{k(u_2 - u_1)}{\ln(z_2/z_1)} \right\}^2$$

となるので，これを式 (4.24) に代入すると

$$E = -\frac{K_E k^2 \rho (q_4 - q_3)(u_2 - u_1)}{K_M \ln(z_2/z_1)\ln(z_4/z_3)} \tag{4.25}$$

が得られる．これが空気力学的方法によって蒸発散量を測定する原理式である．高度 z_1, z_2 で水平風速と比湿を測定した場合は，Thornthwaite and Holzman[2] が導いた式

$$E = -\frac{K_E k^2 \rho (q_2 - q_1)(u_2 - u_1)}{K_M (\ln(z_2/z_1))^2} \tag{4.26}$$

となる．同様に顕熱輸送量に関しては，高度 z_3, z_4 で気温 T_3, T_4 を測定したとすると

$$H = -\frac{K_H k^2 \rho C_p (T_4 - T_3)(u_2 - u_1)}{K_M \ln(z_2/z_1)\ln(z_4/z_3)} \tag{4.27}$$

が得られる．

　大気が中立に近い場合は $K_M \simeq K_E \simeq K_H$ であるため，式 (4.25)〜(4.27) の K_M, K_E, K_H は消去することができる．これらの式からわかるように，蒸発散量，顕熱輸送量はそれぞれ2高度での水平風速と比湿，または気温を測定することによって得られる．この方法は，これらの値の傾きを利用することから傾度法 (gradient method) ともよばれる．

4.4.3 バルク法

式 (4.27) において，風速の下側の観測高度 z_1 を $u_1=0$ となる高さ z_0 にとり，気温の下側の観測高度 z_3 を地表面温度 T_s に等しい高さ z_{0H} にとる．高度 z における水平風速，気温の観測値を u, T とし $K_M=K_H$ とすると

$$H = \frac{k^2 \rho C_p (T_s - T) u}{\ln(z/z_0) \ln(z/z_{0H})} \tag{4.28}$$

となる．

$$C_H = \frac{k^2}{\ln(z/z_0) \ln(z/z_{0H})} \tag{4.29}$$

とすれば，顕熱に対するバルク式

$$H = \rho C_p C_H (T_s - T) u \tag{4.30}$$

が得られる．C_H は顕熱に関するバルク輸送係数（bulk transfer coefficient）（無次元）である．

蒸発散量に関しては，まず，対象とする地表面が水面などの飽和している状態を仮定する．式 (4.25) において，風速の下側の観測高度 z_1 を $u_1=0$ となる高さ z_0 にとり，比湿の下側の観測高度 z_3 を地表面での飽和比湿 $q_s(T_s)$ に等しい高さ z_{0E} にとる．q_s は T_s の関数であることに注意する．高度 z における風速，比湿の観測値を u, q とし $K_M=K_E$ とすると

$$E = \frac{k^2 \rho (q_s(T_s) - q) u}{\ln(z/z_0) \ln(z/z_{0E})} \tag{4.31}$$

が得られる．ここで

$$C_E = \frac{k^2}{\ln(z/z_0) \ln(z/z_{0E})} \tag{4.32}$$

と書くと

$$E = \rho C_E (q_s(T_s) - q) u \tag{4.33}$$

が得られる．この式が水蒸気輸送に関するバルク式であり，C_E は水蒸気輸送に関するバルク輸送係数（無次元）である．式 (4.33) は地表面が飽和している場合の式であり，不飽和である場合は E はこの値よりも小さな値をとる．そこで，不飽和の場合も含めて E を式 (4.33) で表すために，土壌表層の含水率の関数と考える蒸発効率 β というパラメータを導入し

$$C_E = \beta C_H$$

とする．C_H は同じ場所であれば常にほぼ同じ値をとるが，C_E は水分状態，すなわち β の値によって変化すると考える．地表面が飽和している場合は $\beta \simeq 1$，不飽和の場合は $0 \leq \beta < 1$，完全に乾燥している場合は $\beta = 0$ である．バルク式は，ある高度の気温・比湿・風速と地表面温度を測定することにより，顕熱輸送量・蒸発散量を求める方式である．

4.4.4 熱収支法

式（4.1）で示したように地表面は放射エネルギーの収支として純放射量 R_n

$$R_n = (1-\alpha)S\downarrow + L\downarrow - \varepsilon\sigma T_s^4$$

を得る．R_n は上式の右辺の各項を観測することによって得られる．R_n は地表面での熱収支式（4.2）

$$R_n = H + \lambda E + G$$

に従い，顕熱輸送量，潜熱輸送量，地中熱流量に分配されるため，H, G を観測すれば，その残りとして E を得ることができる．H を求めるためには，上述した渦相関法や空気力学的方法を用いればよい．この方法は熱収支式を用いるため，熱収支法（energy balance method）とよばれる．比湿の測定精度が低く渦相関法や空気力学的方法で求めた E に精度上問題がある場合に用いられる．

熱収支式を用いるもう1つの方法としてボーエン比法（Bowen ratio method）がある．顕熱輸送量，潜熱輸送量は式（4.19），（4.20）より

$$H = -\rho C_p K_H \frac{d\overline{T}}{dz}$$

$$\lambda E = -\lambda \rho K_E \frac{d\overline{q}}{dz}$$

と表すことができる．顕熱輸送量を潜熱輸送量で割った値 B_0 はボーエン比（Bowen ratio）とよばれ，$K_H = K_E$ ならば

$$B_0 = \frac{H}{\lambda E} = \frac{C_p}{\lambda}\frac{d\overline{T}}{d\overline{q}} \tag{4.34}$$

となる．そこで2高度での気温 T，比湿 q を測定して

$$B_0 = \frac{C_p}{\lambda}\frac{T_2 - T_1}{q_2 - q_1}$$

により B_0 を決定することができれば，熱収支式とあわせて

4.4 蒸発散量の測定法

$$H = \frac{R_n - G}{1 + 1/B_0} \tag{4.35}$$

$$\lambda E = \frac{R_n - G}{1 + B_0} \tag{4.36}$$

が得られる．これらの式がボーエン比法によって E, H を求める原理式である．この方法では，R_n，G と 2 高度での T, q の観測値を必要とする．なお，水蒸気圧 e (hPa) と比湿 q （無次元）との間には

$$q \simeq 0.622 \frac{e}{p} = \frac{C_p}{\gamma \lambda} \frac{p_0}{p} e \tag{4.37}$$

という近似式が成り立つ．p は大気圧（hPa），$p_0 = 1013.25$ hPa，γ は乾湿計定数（psychrometric constant, hPa/K）と呼ばれる定数であり，

$$\gamma = \frac{C_p p_0}{0.622 \lambda}$$

である．この関係式を用いれば式 (4.34) は

$$B_0 = \gamma \frac{p}{p_0} \frac{d\overline{T}}{d\overline{e}}$$

となるため，大気圧 p，2 高度での気温 T_1, T_2，水蒸気圧 e_1, e_2 から

$$B_0 = \gamma \frac{p}{p_0} \frac{T_2 - T_1}{e_2 - e_1}$$

として B_0 を得ることができる．

4.4.5 水 収 支 法

これまで説明してきた手法は，一様な地表面を対象とする場合の蒸発散量の測定方法であり，流域全体を対象としてこのような観測手法を展開することは難しい．そこで，流域全体を対象とする長期的な蒸発散量の測定には水収支法（water balance method）を用いる．

ある閉じた流域を考え，対象期間内の流域への降水量を P，流域から流域外への流出量を R，対象期間内の流域内の水分貯留量の増加分を ΔS とすると，水収支式

$$\Delta S = P - R - E \tag{4.38}$$

が成り立つ．したがって，対象期間内で ΔS, P, R を観測すれば蒸発散量 E を求

表 4.3 蒸発散量の測定方法のまとめ

測定方法	測定の原理式	測定項目
渦相関法	式 (4.17), 式 (4.18)	1 高度の気温・比湿・鉛直風速の変動
空気力学的方法	式 (4.25), 式 (4.27)	2 高度での水平風速・比湿・気温
バルク法	式 (4.30), 式 (4.33)	1 高度での水平風速・比湿・気温, 地表面温度
ボーエン比熱収支法	式 (4.35), 式 (4.36)	純放射量, 地中熱流量, 2 高度の気温・比湿
水収支法	式 (4.38)	長期間の降水量, 流出量

めることができる.ただし,ΔS を観測することはできないので,$\Delta S=0$ とできるような期間を設定する必要がある.このために,通常,降水量の少ない時期を対象期間の開始時点とし,1 年以上の年単位の期間を対象期間とする.

以上,これまでに述べた測定方法を**表 4.3** にまとめる.

4.5 蒸発散量の推定法

これまで解説した測定法を用いて蒸発散量を求めるためには,測定方法に応じた微気象観測システムを必要とする.水収支法を除き,そのような観測システムの設置・維持は非常な労力を必要とするため,容易に観測できる測定量から蒸発散量を推定する方法が研究されてきた.

4.5.1 組み合わせ法 (Penman 法)

対象とする地表面を飽和した土壌面または水面とする.顕熱輸送量,潜熱輸送量を表すバルク式 (4.30), (4.33) において,

$$C_H u = \frac{1}{r_H}, \quad C_E u = \frac{1}{r_E}$$

とすると

$$H = \frac{\rho C_p}{r_H}(T_s - T_a) \tag{4.39}$$

$$\lambda E = \frac{\lambda \rho}{r_E}(q_s(T_s) - q_a) = \frac{\rho C_p}{\gamma r_E}(e_s(T_s) - e_a) \tag{4.40}$$

となる.T_a, q_a, e_a はそれぞれある大気中のある同じ高さでの気温,比湿,水蒸気圧を表す.式 (4.40) では式 (4.37) を用いて水蒸気圧を用いた式に変換しており, $e_s(T_s)$ は地表面温度 T_s に対する飽和水蒸気圧を表す.式 (4.39) において,

H を電流，$T_s - T_a$ を電位差と見立てると，r_H は抵抗に対応することから，これを顕熱輸送に関する拡散抵抗とよぶ．潜熱輸送についても同様である．いま，式 (4.29)，(4.32) の z_{0H}, z_{0E} が空気力学的粗度 z_0 に等しいとすると，運動量に関する拡散抵抗（空気力学的抵抗，aerodynamic resistance）を r_M として

$$r_M = r_H = r_E = \frac{(\ln(z/z_0))^2}{k^2 u}$$

と表すことができる．以上の準備をもとに式 (4.40) を基本として，地表面温度 T_s を用いずに蒸発散量を表現する式を導くことを考える．特別な場合を除いて地表面温度は観測されていないからである．

飽和水蒸気圧と気温との関係式を用いて，式 (4.40) 中の T_s を通常観測している値を使って近似することを考えよう．飽和水蒸気圧と気温との間の関係は様々な近似式があり，たとえばティーテンス (Tetens) の近似式は水面上で

$$e_s(T) = 6.1078 \times 10^{7.5T/(237.3+T)}$$

と表される．e_s は飽和水蒸気圧（hPa），T は温度（℃）である．この関係式の $T = T_a$ における傾き de_s/dT を Δ とし，その値を用いて

$$\Delta \cong \frac{e_s(T_s) - e_s(T_a)}{T_s - T_a}$$

とおくと

$$e_s(T_s) = e_s(T_a) + \Delta(T_s - T_a)$$

を得る（**図 4.9** 参照）．これを式 (4.40) に代入すると

$$\lambda E = \frac{\Delta \rho C_p}{\gamma r_E}(T_s - T_a) + \frac{\rho C_p}{\gamma r_E}[e_s(T_a) - e_a]$$

となる．T_s を消去するためにこの式の右辺第 1 項に式 (4.39) を代入すると

$$\lambda E = \frac{\Delta}{\gamma} H + \frac{\rho C_p}{\gamma r_M}[e_s(T_a) - e_a]$$

となる．ここで $r_M = r_H = r_E$ を用いた．これに熱収支式

$$H = (R_n - G) - \lambda E$$

を用いて H を消去すると

$$\lambda E = \frac{\Delta}{\Delta + \gamma}(R_n - G) + \frac{\gamma}{\Delta + \gamma} \lambda E_a \tag{4.41}$$

が得られる．ここで

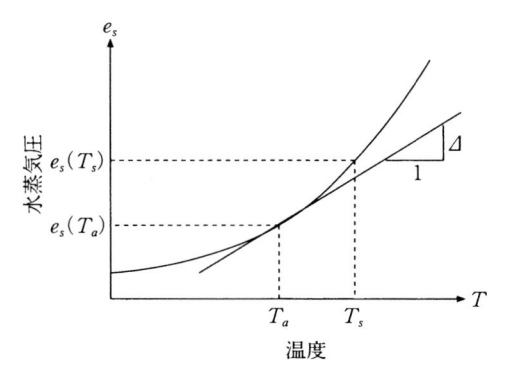

図 4.9 Penman 式の導出の仮定

$$\lambda E_a = \frac{\rho C_p}{\gamma r_M} \{e_s(T_a) - e_a\}$$

としている．式（4.41）が組み合わせ法（combined method）による蒸発量推定の原理式であり，純放射量 R_n，地中熱流量 G，気温 T_a，水平風速 u を用いて蒸発量を推定することができる．この式の右辺第1項は放射エネルギーに依存する項なので放射項とよばれ，第2項は風速に依存する項なので空力項とよばれる．第2項の E_a は，大気が乾燥しているほど，また r_M が風速に反比例するため風速が大きいほど大きな値をとる．

式（4.41）は，空気力学的方法に熱収支法を組み合わせて導かれることから組み合せ法とよばれる．この式は最初に Penman[3] によって示され，その後，改良式が Van Bavel[4] によって示された．Penman は

$$\lambda E_a = f(u)\{e_s(T_a) - e_a\}$$

とし，日蒸発量を推定する場合に経験的に

$$f(u) = 0.26(1.0 + 0.537u)$$

とした．ここで u は高度2mで測定した風速（m/s）である．この式によって得られた蒸発量を Penman の可能蒸発量とよび，この値にある係数を乗じることによって水面以外の蒸発散量が推定される．

4.5.2 Penman-Monteith 式

Monteith は植生の気孔開閉による蒸散をモデル化するために Penman 式を拡

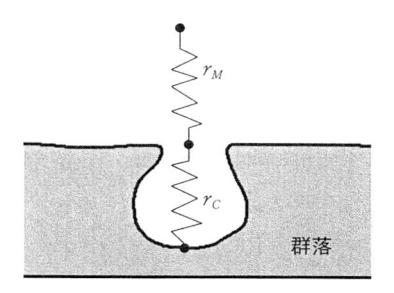

図 4.10　Penman–Monteith 式における抵抗の概念

張した．式（4.40）

$$\lambda E = \frac{\rho C_p}{\gamma r_E}\{e_s(T_s) - e_a\}$$

において，r_E を $r_M + r_c$ で置き換え，前項と同様の式展開を行うと

$$\lambda E = \frac{\Delta(R_n - G) + \dfrac{\rho C_p}{r_M}\{e_s(T_a) - e_a\}}{\Delta + \gamma\left(1 + \dfrac{r_c}{r_M}\right)} \tag{4.42}$$

が得られる．r_c は群落抵抗（canopy resistance）とよばれ，植生の気孔の開閉が蒸散に及ぼす効果をモデル化したものである．日中は気孔が開いて盛んに蒸散が行われるため r_c の値は小さくなり，夜間や土壌水分が少ない場合は r_c の値は大きくなる．また，落葉樹の場合は，葉の落ちる冬季に r_c の値は大きくなる．なお，$r_c = 0$ とすると Penman 式と同じ式になり，これは降雨後，葉面が濡れて飽和状態にある場合の遮断蒸発を表している（**図 4.10**）．

4.5.3　経験式を用いる方法

Thornthwaite[5] が提案した月平均の蒸発散量の推定式を示す．

$$E_p(i) = 0.533 D_0(i)(10 t_i/J)^a$$
$$a = 6.75 \times 10^{-7} J^3 - 7.71 \times 10^{-5} J^2 + 1.79 \times 10^{-2} J + 0.492$$
$$J = \sum_{i=1}^{12}(t_i/5)^{1.514} \tag{4.43}$$

ここで，$E_p(i)$ は i 月の 1 日当りの基準となる蒸発散量（mm/day）であり，Thornthwaite の可能蒸発散量とよばれる．t_i は i 月の月平均気温であり，$D_0(i)$ は 12 hr/day を 1 単位とする i 月の月平均可照時間を表す．可照時間は対象地点

の位置によって幾何学的に決まるため，この式を用いれば，気温データのみから$E_p(i)$が求まる．この値にある係数を乗じることによってその地域での実蒸発散量を推定する．

同様にHamon[6]も月平均の基準日蒸発散量（mm/day）を算定する経験式を提案した．

$$E_p(i) = 1.40 D_0(i)^2 P_t \tag{4.44}$$

ここで，P_tは月平均気温に対する飽和絶対湿度（g/m^3）である．この式も気温データのみから$E_p(i)$が求まり，この値にある係数を乗じることによってその地域での実蒸発散量を推定する．

4.5.4 蒸発計を用いる方法

円筒の容器に水を張り，水深の減少量を計測して蒸発量とする．1965年までは気象官署において，口径20 cmの蒸発計によって日単位で蒸発量が測定されていた．現在では，非常に限られた気象官署においてのみ，口径120 cmの大型蒸発計を用いた日蒸発量が測定されている．この測定値にある係数を乗じることによって，その地域における実蒸発散量の推定値とする．蒸発計による蒸発量は，あくまで蒸発計からの蒸発量であって，被覆状況の異なる地表面からの蒸発散量を代表するものでないことに注意しなくてはならない．

Penman式，Thornthwaite式，Hamon式，蒸発計を用いる方法は，いずれも，まずある基準となる蒸発量を求め，その値にある係数を掛けることによって実蒸発散量を推定する．この係数は，4.4節で示した微気象観測による測定法を用いて実際の蒸発散量を同時に測定することによって決定される．係数の値は，土地被覆やその地域の気象条件によって異なり，また時間的にも変化するため，条件が異なる他の地域に利用することはできない．

4.6 代表的な地表面における蒸発散特性

琵琶湖北東部を中心として継続的に実施されている地表面熱収支の観測例[7]を紹介しよう．**図4.11**から**図4.14**は，それぞれ水田，森林，琵琶湖面，長浜市街地で観測された地表面熱収支の日変化を示している．観測データはいずれも晴天時のものである．

4.6 代表的な地表面における蒸発散特性

水田では顕熱輸送量 H，潜熱輸送量 λE の測定法としてボーエン比熱収支法が用いられている．水田の地中熱流量 G は水田の土壌と水体への熱流量の合計値である．森林では森林樹幹上の比湿・気温の高度差が小さいため，渦相関法を用いて顕熱輸送量が求められている．潜熱輸送量は熱収支項目の残差として求められている．森林での観測は，観測塔が組まれ図 4.8 に示すような観測システムが樹幹上に出るように設置されている．琵琶湖面と市街地の顕熱輸送量と潜熱輸送量はバルク法による測定結果である．地中熱流量は熱収支項目の残差として計算されている．市街地では広域を代表する観測値を得るために，変電所の鉄塔を利用し，高度 40 m 以上のところに観測機器が設置されている．

水田は水が張られた状態で，純放射量 R_n の大部分が潜熱輸送量となり，顕熱輸送量，地中熱輸送量は極めて小さい．すなわち，地表面に供給された熱量の大半が蒸発のための気化熱として使われている．森林では，潜熱輸送量が卓越し，地中熱流量は 1 日中ゼロである．これは森林内部が樹幹に覆われているために，森林内部の気温の日変化が小さいからである．

琵琶湖面の熱収支特性は，水田，森林とは大きく異なる．蒸発に使われる熱量

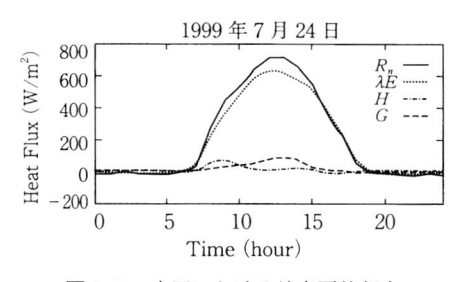

図 4.11 水田における地表面熱収支

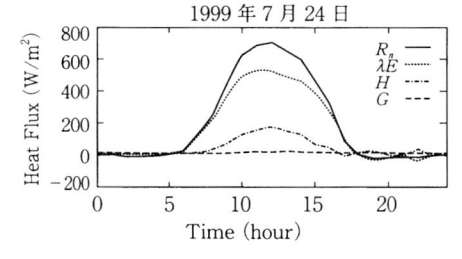

図 4.12 森林における地表面熱収支

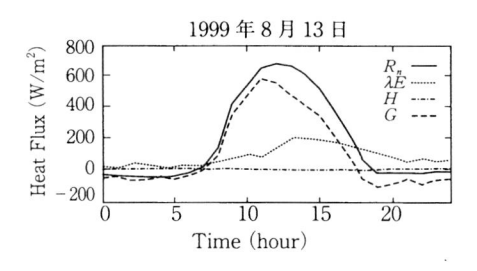

図 4.13 琵琶湖面における地表面熱収支

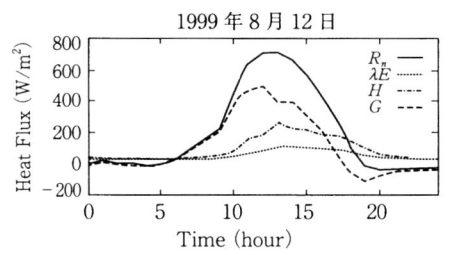

図 4.14 長浜市街地における地表面熱収支

はわずかであり，顕熱輸送量もほとんどなく，大半が地中熱流量となっている．水田と湖面における蒸発はともに水面からの蒸発であるが，その量はまったく異なることがわかる．水田では，水深が浅いために熱容量が小さく，供給された純放射量は水温を上昇させ，次に蒸発のための気化熱として使われる．一方，琵琶湖では熱容量が大きいために，供給された熱量はほぼすべて貯熱量となり，この時期，蒸発量は水田と比べると大変小さい．

都市域では地中熱流量が卓越し，顕熱輸送量は13時頃にピークを示している．市街地では地表面の大半が舗装されているために水分は少なく，放射エネルギーが地表面に供給されても，蒸発散量は非常に小さい．

以上のように，土地被覆状況によって蒸発散量が大きく異なることがわかる．蒸発計によって測定される蒸発量は，蒸発パンからの蒸発量であって，他の被覆状況における地表面からの蒸発量を代表しているのではないことが理解される．

参 考 文 献

1) 近藤純正（編著）：水環境の気象学，朝倉書店（1994）．
2) Thornthwaite, C. W. and Holzman B.: The determination of evaporation from land and water surfaces, *Monthly Weather Review*, **67**, pp. 4-11 (1939).
3) Penman, H. L.: Natural evaporation from open water, bare soil and grass, *Proc. of Royal Sosiety of London, A*, **193**, pp. 120-145 (1942).
4) Van Bavel, C. H. M.: Potential evaporation-The combination concept and its experimental verification, *Water Resources Research*, **2** (3), pp. 455-467 (1966).
5) Thornthwaite, C. W.: An approach toward a rational classification of climate, *Geographical Review*, **38**, pp. 55-94 (1948).
6) Hamon, W. R.: Esimating potential evapotranspiration, *Proc. of ASCE*, **87**, HY 3, pp. 107-120 (1961).
7) 宮崎 真・杉田倫明・安成哲三・鈴木力英・石川裕彦・田中賢治・山本 晋：各種プロジェクトにおけるフラックス測定，気象研究ノート，**199**，第9章，pp. 201-234（2001）．

5. 積雪・融雪

　我が国では積雪の深さと期間を考慮し，毎日の積雪値を1冬分積算した値の30年以上の平均値が5,000 cm・日以上の地域を豪雪地帯に指定している (**図 5.1**)．その面積は国土の52％を占めており，そこに2000万人以上の人々が住んでいる．積雪量の多い国は他にもあるが，我が国のように多くの人々が豪雪の中で平常の生活を営んでいる国はない．降雪は直ちに流出するのではなく，流域にいったん積雪として貯留され，それに日射や放射，顕熱，潜熱，降雨による熱エネルギーが加えられて融雪し，やがて融雪水が河川に流出する．本章では積雪・融雪のプロセスに焦点をあて，観測によって得られた積雪・融雪特性，融雪量の推定法，降雪から流出までの一連のプロセスを含むモデル構成について解説する．

5.1　積雪・融雪と河川流出

　我が国が多雪である理由は，第1に冬季北半球対流圏の大気の流れがアジア大陸の東岸に位置する日本列島付近で擾乱をつくりやすいために，日本列島付近は極地方からの強い寒気が南下しやすいこと，第2にそれに関連して地表付近では大陸から日本列島に向けて北西ないし西の季節風が持続しやすいこと，第3に日本海の沿岸に対馬海峡から暖流が流れているため，大気が不安定化し，かつ海面から多量の水蒸気が補給されて雪雲が発達することにある．日本海上の気流の変化と日本海側の地形の相互作用によって，降雪量は時と場所とで大きな差が生じる．大雪は大雨より変動性が大きい．**図 5.2** は福井と青森の11月から4月までの旬別最深積雪深の経年変化を示したものである．青森は毎年多くの降雪が観測されるのに対して，福井は年ごとの変動が大きく青森以上に多量の雪が降ることがある．

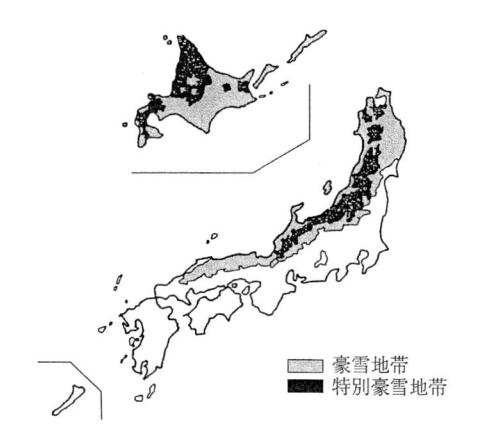

図5.1 豪雪地帯・特別豪雪地帯の地域指定図

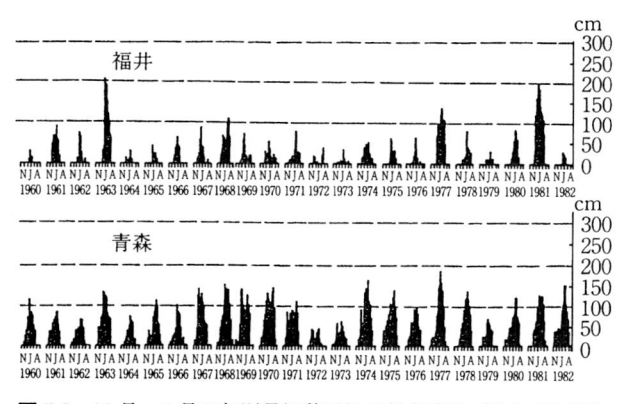

図5.2 11月～4月の旬別最深積雪深の経年変化（気象庁原図）

　冬季に流域に降った雪は流域内に積雪として貯留され，積雪層に給供される日射，放射，顕熱，潜熱などの熱エネルギーによって融雪し，やがて河川に流出する．この融雪流出は降雨流出に比べて直ちに流出することがないため，重要な水資源となる．一方で融雪洪水や地すべりなどの災害の誘因となることがある．**図5.3** は琵琶湖月流入量の年変動特性を示したものである．融雪期の3月と梅雨期の7月に月流入量のピークがあることがわかる．図中の σ/m は月流入量の平均値に対する相対的な変動の大きさを表しており，6～9月の梅雨・台風期の変動が大きい一方，12～3月の積雪・融雪期の月流入量の変動は小さい．

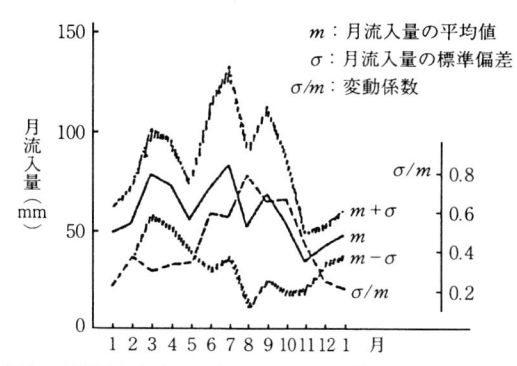

5.2 積雪観測

$m\pm\sigma$ は大略，変動幅を与えており，これが平均値 m のまわりに大きいほど当該月の月流入量の年々変動が大きいことを意味している．6, 7, 8, 9月の梅雨，台風期の変動が大きい．一方，σ/m は平均値に対する相対的な変動の大きさを表しており，12, 1, 2, 3月の積雪・融雪期の月流入量の変動は小さい．

図 5.3 琵琶湖月流入量の年変動特性

5.2 積雪観測

積雪の分布状況は地形との関連もあってきわめて複雑である．従来からの積雪観測手法として，流域内の数多くのサンプリング点でスノーサンプラという観測器を用いて積雪深および積雪水量を測定し，それらを集計して流域積雪水量を求める調査が行われてきた．最近では光学式積雪深計や一定間隔のモニタリング機器により積雪深が測定され，マイクロ波を利用した航空機観測や衛星観測なども実施されている．点観測ではあるが連続的であり積雪深や積雪水量を測定するスノーサーベイや試験地規模での詳細な観測体系と，広域観測であるが間断的にしか積雪分布情報を提供しない衛星観測や写真測量などの上空からの観測体系を組

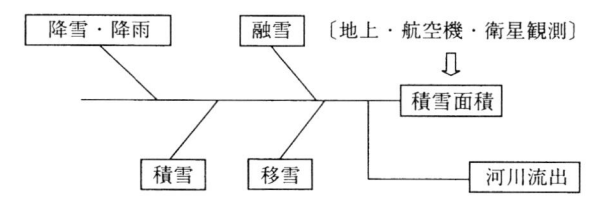

図 5.4 積雪・融雪・流出プロセスと積雪面積観測とを組みあわせた積雪水量・融雪量の推定

み合せることによって，積雪状態の広域的かつ連続的な定量化が可能になってきている．たとえば図 5.4 にあるように，融雪流出のプロセスの途上にある積雪面積を広域的に衛星情報から取得し，スノーサーベイ調査や地形情報とあわせて流域積雪水量を推定して，ある期間の融雪量を予測する研究がなされている[1]．

5.3 積雪の高度分布

図 5.5 は滋賀県伊吹山山麓での積雪調査結果の一例である．積雪深の高度依存性が大きいこと，新雪があるごとに積雪が幾層にも重なり合い，圧縮されながら時間の経過とともに新雪，しまり雪，ザラメ雪へと変化していることがわかる．これを雪質の変態とよんでいる．多くの流域でのスノーサーベイ調査結果から，積雪深に全層平均密度を乗じた水相当量，いわゆる積雪水量（water equivalent of snow）の高度分布特性も得られている．図 5.6 は琵琶湖北部域における積雪水量の標高分布の調査結果を示したものであり，積雪水量は標高とほぼ比例関係にある．こうした高度分布特性は流域規模の積雪水量評価に必要となる．

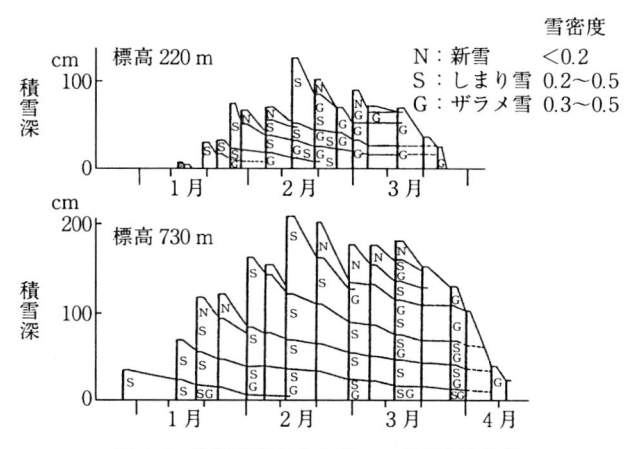

図 5.5 滋賀県伊吹山山麓での積雪調査結果
高度による積雪変化の差異を示す．名古屋大学大気水圏科学研究所（現，地球水循環研究センター）による．

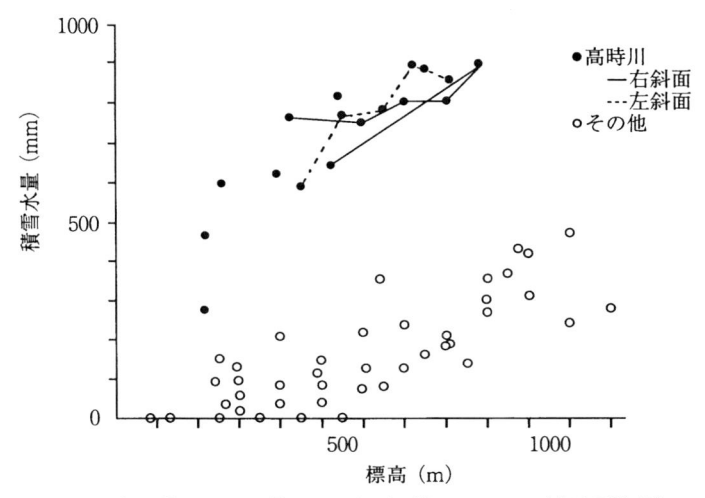

1985年2月27日～3月2日および3月6日～8日（高時川流域）

図5.6 積雪水量の標高分布

5.4 積雪層における熱収支と融雪

積雪面では**図5.7**に示すように日射，大気放射，積雪面が放つ赤外放射，顕熱および蒸発または凝結による潜熱の出入りがある．いま，平坦で一様な積雪表面における単位時間，単位面積当りの熱収支を考えると，積雪層が表面と底面から得る正味の熱エネルギーは積雪層に向かう場合を正として

$$Q_m = R_n + H + \lambda E + G + Q_p \tag{5.1}$$

で与えられる．ここに，R_n：純放射量，H：顕熱輸送量，λE：潜熱輸送量，G：積雪層底面からの地中伝導熱量，Q_p：降雨がもたらす熱量であり，Q_mは正のとき積雪温度の上昇・融雪，負のとき積雪の再凍結・降温に費やされる熱量である．式（5.1）の中の純放射量 R_n は

$$R_n = (1-\alpha)S\downarrow + L \tag{5.2}$$

と表され，右辺第1項は短波放射量で，$S\downarrow$が日射量，αが雪面でのアルベドである．雪面アルベドは乾いた新雪では0.7～0.9と大きいが時間の経過や汚れ，濡れなどによって減少する．L（$=L\downarrow-L\uparrow$）は正味の長波放射量で，多くの提案式がある．Brunt式を用いると L は次式で与えられる．

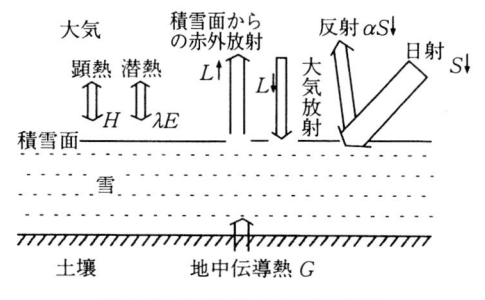

図 5.7　積雪面における熱収支

$$L=\{\sigma T_a^4(0.51+0.0066\sqrt{e})-\sigma T_s^4\}(1-k\cdot n/10) \qquad (5.3)$$

ここに，σ はシュテファン・ボルツマン定数，T_a は地表面付近の大気温度 (K)，T_s は雪面温度 (K)，e は地表面付近の大気の水蒸気圧 (hPa)，k は雲の種類により決まる定数，n は雲量 (1〜10) である．

顕熱輸送量 H は，C_H：顕熱のバルク係数，u：風速，C_p：空気の定圧比熱，ρ_a：空気の密度とし，雪面に向かう方向を正として

$$H=\rho_a C_p C_H(T_a-T_s)u \qquad (5.4)$$

と表される．また，潜熱輸送量 λE は，λ：凝結熱，C_E：潜熱のバルク係数，q_a：地表面付近の大気の比湿，q_s：融雪時の雪面上の比湿とし，雪面に向かう方向を正として

$$\lambda E=\lambda \rho_a C_E(q_a-q_s)u \qquad (5.5)$$

となる．積雪層内に温度勾配が存在する場合には，積雪層底面からの地中伝導熱量 G の一部は積雪層中に伝導していき，残りは融雪に使われる．融雪期になって積雪層の下層が 0℃ となり温度勾配がなくなると，G はすべて積雪層での融雪に使われるようになる．その大きさは 1 日当り積雪水量で 1 mm 程度である．

降雨がもたらす熱量 Q_p は次式で求められる．

$$Q_p=C_w\rho_w P(T_a-T_s) \qquad (5.6)$$

ここに C_w は水の比熱，ρ_w は水の密度，P は降雨強度，T_a は降雨の温度であり大気温度に等しいと見なす．10℃ の雨が 1 時間に 10 mm 降ると，与えられる熱量は 10 cal/cm²/h となり，雪の融解熱を 77.6 cal/g とすると積雪水量にして 1 時間に 1.29 mm の雪が融けることになる．

以上の各項を，積雪層に向かう方向を正として合計した Q_m の値が正の場合，

この熱量は積雪層の温度上昇に用いられる．次に，積雪温度が0℃になった時点で融雪が生じる．Q_m の値が負の場合，積雪層内に液体の水分が存在するならば，この水分の凍結に用いられる．この水分がすべて凍結した後，積雪層の温度が降下する．積雪温度が0℃の場合，Q_m を雪の融解熱 L_s で割れば，単位時間あたりの融雪水量の高さ（水深相当量）M が次式により得られる．

$$M = Q_m / (\rho_w L_s) \tag{5.7}$$

積雪上での熱収支観測によれば，融雪熱量に占める純放射量の割合がきわめて大きい．また融雪には顕熱や潜熱輸送量も働いており，それらが風速，水蒸気量，気温の影響を受けることから，雲が多く純放射量が小さい場合でも融雪が進むことがある．顕熱輸送量と潜熱輸送量は風速に比例するので，暖かい湿った強風が吹く日は融雪が非常に大きくなる．

5.5 積算気温による融雪量の推定

ある狭い領域では詳細な気象観測や熱収支観測をもとに積雪量・融雪量を推定することが可能である．しかし，我が国のように複雑な地形特性を有する流域において流域規模での積雪・融雪量を推定しようとすると，入手し得る観測データをもとに実用的な積雪・融雪・流出モデルを構築する必要がある．

以下ではまず積算気温から融雪量を求める方法を述べる．積算気温（ディグリーデイ，degree day）とは日平均気温 T から基準温度 T_B を引いた値を正の値のみある期間について合計したものである．この積算気温とその期間の融雪量 M との関係を

$$M = k \sum_{T - T_B > 0} (T - T_B) \tag{5.8}$$

として融雪量を推定する方法をディグリーデイ法とよんでいる．時間平均気温を同様に用いて融雪量を推定する場合にはディグリーアワー法とよばれる．式中の k を融雪係数とよぶ．k の値は 2～7 mm/℃ の範囲であることが多い．基準温度 T_B は通常0℃とする．この式は非常に簡便であり，k の値が定まると，入手しやすい気温データのみで融雪量を推定することができる．**図5.8** はある流域斜面で融雪量を測り，0℃以上の積算気温との関係を示したものである．もちろん，融雪量は熱収支の結果として決まるものであり，それを気温という情報のみで表現

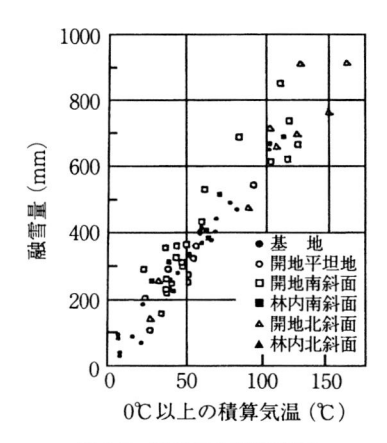

図 5.8 融雪量と積算気温

することには限界がある．利用しやすいデータを用い，かつ熱収支を考慮した融雪予測モデルの開発が必要となる．

5.6 積雪・融雪・流出モデルによる融雪量の推定

琵琶湖流域で展開された積雪・融雪・流出モデル[2,3]に熱収支過程を導入したモデルを概述する．融雪流出の予測には，降水（降雨・降雪）→積雪→融雪→流出といった一連の過程をモデル化する必要がある．ここで示すモデルでは積雪層内の鉛直水平構造を1つの層として考え，積雪・融雪過程の計算より得られた融雪量の地表面到達水量を4段タンクモデルへの入力として流出量を計算する．このモデルの特徴を以下に示す．

① 積雪層内に存在する氷と水の量を遂次計算し融雪量を計算する．
② 積雪層に与えられる総熱量の正負により，積雪層の昇温・冷却，融解・凍結の過程をモデル化する．
③ 積雪・融雪過程のなかで，積雪水量，積雪深，積雪密度，雪温，含水量など積雪の状況を表す諸要素を算出する．

積雪・融雪・流出過程の模式図と計算の流れを**図 5.9**，**図 5.10** に示すとともに，主要な部分を以下に記述する．

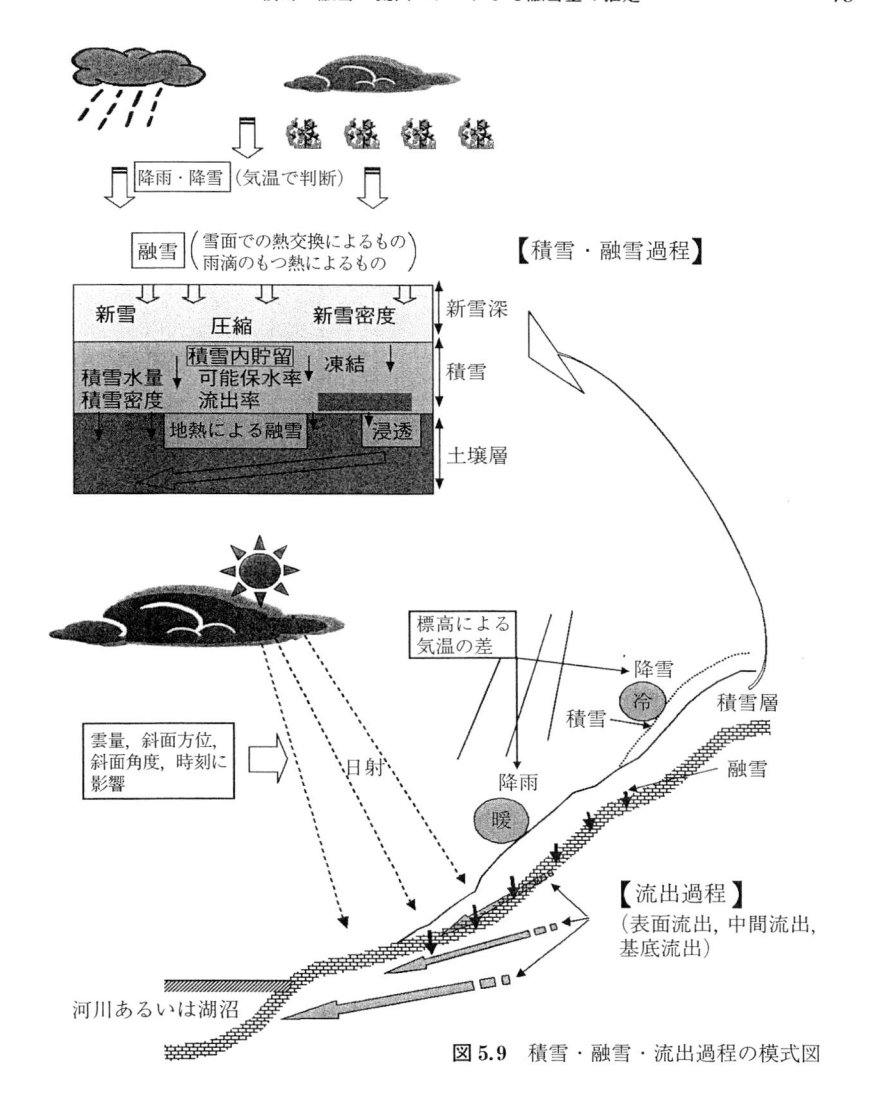

図 5.9 積雪・融雪・流出過程の模式図

5.6.1 モデルの各部の説明

a. 降水の有無とその形態 一般に，降水の形態が雨から雪に変わる気温は1.5～2.0℃といわれている．過去の観測結果での気温と降雨，降雪の比率の関係から，このモデルでは気温が2.1℃以上ならば降雨，2.1℃未満ならば降雪とする．また，風による観測降水量の補足率への影響を考慮して，降水量に補正を加える．

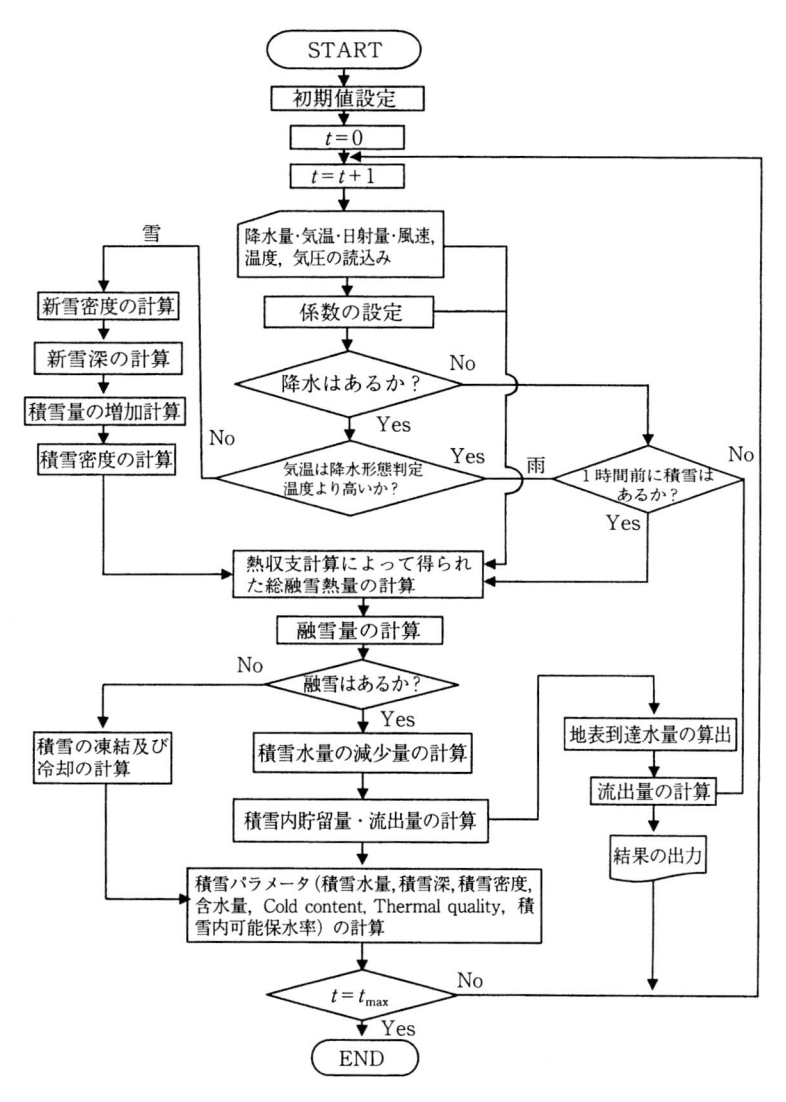

図5.10 積雪・融雪・流出モデルの計算の流れ

b. 積雪パラメータの計算 降雪があった場合，新雪密度 ρ_{NS} (g/cm^3) は新雪温度 T_{NS} (℃) の関数として次式で表現できるものとする．

$$\rho_{NS} = a + \{(1.8T_{NS}+32)/100\}^b \tag{5.9}$$

ここに，a, b は同定すべきパラメータであり，本モデルでは $a=0.01$，$b=2.5$ と

する．また，新雪温度 T_{NS}（℃）は気温と等しいものとする．新雪深 D_{NS} は降雪量 P と新雪密度 ρ_{NS} から

$$D_{NS} = P/\rho_{NS} \tag{5.10}$$

とし，単位時間 Δt での降雪による圧縮深 ΔD_S は

$$\Delta D_S = P \times D_S'/W_{EQ}' \times (D_S'/10)^{0.35} \times 0.3224 \tag{5.11}$$

とする．ここに，D_S'，W_{EQ}' は新雪が積もる前の積雪深，積雪水量である．新雪が積もった後の積雪深 D_S，積雪水量 W_{EQ}，積雪密度 ρ_S，積雪内含水量 W_C は

$$D_S = D_S' - \Delta D_S + D_{NS} \tag{5.12}$$

$$W_{EQ} = W_{EQ}' + P \tag{5.13}$$

$$\rho_S = W_{EQ}/D_S \tag{5.14}$$

$$W_C = W_C' + P(1 - B_{NS}) \tag{5.15}$$

とする．なお，式(5.15)中の新雪の固体率 B_{NS} は，気温 T_a が0℃より大きい場合，地表に到達した雪の一部は融けていると考えて次の関係を仮定する．

$$B_{NS} = -0.113 T_a^2 + 1.0 \quad (0 < T_a \leq 2.1℃)$$
$$= 1.0 \quad\quad\quad\quad\quad (T_a \leq 0) \tag{5.16}$$

c. 融雪熱量の計算 融雪熱量は熱収支式を用いて算定する．純放射量 R_n は式（5.2）にしたがって与える．アルベド α は新雪が降った日からの日数 N を用いて

$$\alpha = -0.0065 \times N + 0.666 \quad (N \geq 6)$$
$$\alpha = -0.041 \times N + 0.873 \quad (N < 6) \tag{5.17}$$

で算定する．また，日射量，長波放射量は，緯度，季節，日照時間や大気圧，水蒸気圧，気温を用いた経験式から推定する．顕熱，潜熱輸送量はバルク式(5.4)，(5.5)により求める．降雨によってもたらされる熱量 Q_p は式(5.6)によって求める．これらの総和として，単位時間内に積雪層に与えられる熱量の総和 Q_m を式(5.1)より求める．

d. 融雪の有無判定と積雪の凍結・冷却 融解によって生じた融雪水はその一部は積雪粒子によって保持され，積雪中に留まる．したがって，積雪層の温度が下がると，最初にこの融雪水が凍ることになる．さらに冷却が進み，融雪水がすべて凍ると積雪層の温度は0℃以下になる．積雪層内での冷却度を示す指標として Cold content Q_{CC} を用い，次式で表す[4,5]．

$$Q_{CC} = -C_S \times W_{EQ} \times T_P \tag{5.18}$$

T_P は雪温であり，C_S（≈0.5cal g^{-1} K^{-1}）は雪の比熱である．Q_{CC} は雪温を 0℃にするために必要となる単位面積当たりの熱量であり，雪温が 0℃以上のときは $Q_{CC}=0.0$，雪温が 0℃以下のときは $Q_{CC} \geq 0$ となる．

融雪熱量計算で算出された熱量 Q_m が負の場合は融雪は生じず，積雪層内に水分がある場合（雪温=0℃）はまずその水分を凍結させ，水分がない場合（雪温≤0℃）は積雪を冷却させる．Q_m が正の場合，積雪温度が負であればまずその温度を上昇させ，積雪温度が 0℃になったときに融雪を発生させる．

以上の関係を Q_m と Q_{CC} の大小関係でまとめると，$Q_m>0$ のときは次のようになる．

- $Q_m>0$ かつ $Q_{CC}=0$ のとき：すべての熱量が積雪の融解に用いられ融雪が生じる．
- $Q_m>Q_{CC}>0$ のとき：積雪温度が 0℃に上昇し，Q_m-Q_{CC} の熱量により積雪が融解して融雪が生じる．
- $Q_{CC} \geq Q_m>0$ のとき：積雪温度が上昇するが 0℃以下であり，融雪は発生しない．

$Q_m<0$ のときは，水の凝固熱（=氷の融解熱）を L_m として，積雪層中の全ての液体水分を凍らせるための単位面積当りの冷却熱量が $-W_C L_m$ となるため

- $-W_C L_m \leq Q_m<0$ のとき：積雪層中の液体水分の一部が凍結し，積雪内含水量 W_C が減少する．
- $Q_m<-W_C L_m<0$ のとき：積雪層中の液体水分がすべて凍結し，さらに $W_C L_m+Q_m$ の熱が奪われることにより，積雪温度が降下する．
- $Q_m<0$ かつ $W_C=0$ のとき：積雪層中には液体水分は存在しないので，熱量が奪われることにより，積雪温度が降下する．

$Q_m>Q_{CC} \geq 0$ となって融雪が発生する場合，熱量 Q_m-Q_{CC} を実際の融雪量に換算するためには，積雪層中の含水量による雪の融解熱の違いを考慮する必要がある．この効果を導入するために，次式で示される Thermal quality θ を用いて雪の融解熱 L_s を設定する[4,5]．

$$L_s = \theta L_m, \theta = 1 - W_C/W_{EQ} \tag{5.18}$$

これにより，融雪量 M は次式により求まる．

$$M = (Q_m - Q_{CC})/(\rho_w L_s) \tag{5.19}$$

次に，生じた融雪水が積雪層内を重力水として降下するプロセスを考える．積

雪層中の氷板，水みちなどを考えるとそれらのモデル化は非常に複雑になるため，ここでは積雪層内の可能保水率 B_{HC} を定義し，積雪深と可能保水率との積を超過した分が重力水として流下可能な水量とする．さらに，各時間ステップでの融雪重力水の地面到達率 B_C を積雪深 D_S の関数としてモデル化した．積雪中の重力水は到達率 B_C で地表に到達し，残りは積雪内含水量 W_C に置き換えられて次の時間ステップに進む．

e. 積雪パラメータの再計算 以上の計算の結果，W_{EQ}, D_S, ρ_S, W_C, Q_{CC}, θ, B_{HC} の値が更新され，それらはその次の計算ステップでの初期パラメータとして用いられる．

5.6.2 モデルの適用例

本モデルを琵琶湖北部域の大浦川流域（流域面積 $13.8\,\mathrm{km}^2$）や高時川流域（同 $93.7\,\mathrm{km}^2$）に適用し，流量再現結果を検証した後，琵琶湖全流域への拡張が図られた．再現計算結果の一例を図 5.11 に示す．2 月上旬まで琵琶湖水位はほとんど変化せず，それ以降，融雪水によって水位が上昇する様子がよく再現されている．

その後，この積雪・融雪モデルは高時川流域で分布型流出モデルと結合し，200 m の空間分解能で積雪・融雪過程がモデル化されている．その場合には入力

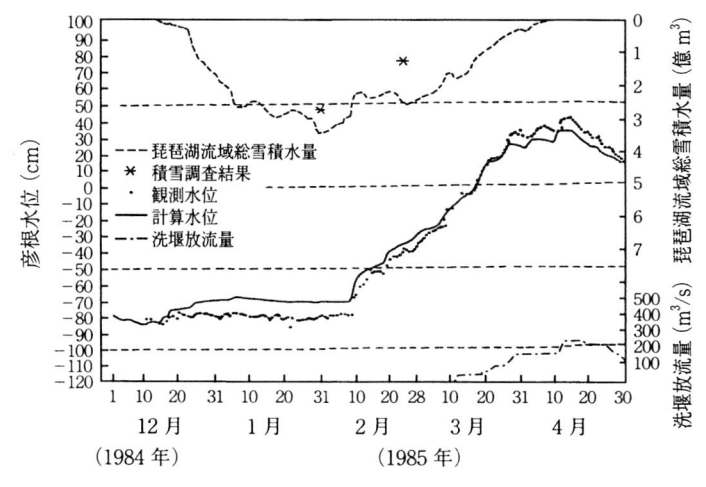

図 5.11 積雪・融雪・流出モデルによる琵琶湖水位の再現結果

気象要素である降水量,気温,風速,日射量(日照時間),湿度,気圧の毎時のグリッド値が近傍の観測所までの距離に応じて内挿されている.さらに日射量については斜面の向きの影響を導入するため,旬毎の太陽の位置を計算し,平地に対する快晴時の日射量比を求めてグリッド値に乗ずるなどの工夫がなされている.

参 考 文 献

1) 小池俊雄・高橋　裕・吉野昭一:積雪面積情報による流域積雪水量の推定,土木学会論文集, **357**/II-3, pp. 159-165 (1985).
2) 池淵周一・宮井　宏・友村光秀:琵琶湖北部域の積雪・融雪・流出調査とその解析,京都大学防災研究所年報, **27** (B-2), pp. 197-220 (1984).
3) 池淵周一・竹林征三・友村光秀:琵琶湖北部域の積雪・融雪・流出モデル解析,京都大学防災研究所年報, **29** (B-2), pp. 173-192 (1986).
4) Eagleson, P. S.: Dynamic Hydrology, Chapter 13, Snowmelt, McGraw-Hill (1970).
5) Bras, R. L.: Hydrology, An Introduction to Hydrologic Science, Chapter 6, Snowpack and snowmelt. Addison Wesley Reading MA (1990).

6. 降水遮断・浸透

降水の一部は樹木によって遮断 (interception) され，それ以外は地表面に到達して土壌を鉛直に浸透 (infiltration) する．降水強度が土壌表面の浸透能 (potential infiltration rate) を上回る場合は，雨水は地表面上に湛水 (ponding) し，地表面流 (surface flow, overland flow) が発生する．地表面流の一部は窪みにとらえられて窪地貯留 (depression storage) となる．本章では，降水遮断とそのモデル化，浸透の基礎式，浸透能について解説する．

6.1 降 水 遮 断

6.1.1 遮断量の推定

降水は樹冠によって遮られるため，すべての降水が地表面に到達するわけではない．樹冠によって遮られる雨水のうち，樹木の葉面や枝などから蒸発して地表面には到達しない雨水を樹冠遮断量 (interception loss)，枝や幹を流れて地表面に到達する雨水を樹幹流下量 (stemflow)，樹冠の隙間を通り抜けたり葉面や枝から滴下して地表面に到達する雨水を樹冠通過雨量 (throughfall) という．

服部[1]は，世界各地の森林で測定された樹冠遮断量をまとめている．それによると，年間の樹冠遮断量は160〜540 mmであり，年降水量に対する年樹冠遮断量の比率は13〜51％であること，我が国の森林で測定された樹冠遮断量は年間180〜460 mm，年降水量に対する比率は13〜26％であり多くが20％程度であることが示されている．樹冠遮断量は降水量のかなりの割合で発生することがわかる．

林外に降った降水量を P，樹冠遮断量を P_i，樹幹流下量を P_s，樹冠通過雨量を P_t とすると，

$$P = P_i + P_s + P_t \tag{6.1}$$

の関係がある．雨量計は通常，樹冠の外に設置するため，観測される降水量は P である．実際に地表面に到達する降水量を推定するためには P_i の値を必要とするため，P と P_i との関係が調査されてきた．それによると，P と P_i との間には

$$P_i = \alpha P + \beta \tag{6.2}$$

の関係があることが多くの森林で確認されている．これまでの樹冠遮断量の測定結果から，回帰係数 α は 0.02～0.22 の値，回帰定数 β は 0.1～9.0 mm の値をとることが示されている[1]．

6.1.2 降水遮断のモデル化

個々の樹木の遮断量をモデル化し，樹木ごとに遮断量を計算することは現実的ではない．そこで通常は樹冠全体の雨水の流れに対して概念的なモデルを当てはめ，そこでの雨水の流れをモデル化する．以下では，Simple Biosphere Model (SiB)[2] で採用されている降水遮断のモデルを紹介しよう(**図 6.1** 参照)．SiB とは，大気と地表面での水・熱エネルギーのやり取りを物理的に表現しようとする数理モデルであり，植生の水・熱循環に対する効果を導入しているところに特徴がある．このモデルにおいて樹冠での雨水の連続式は

$$\frac{dC}{dt} = P_c - P_s - E \tag{6.3}$$

と表される．C は樹冠に蓄えられる貯留量，P_c は樹冠に供給される降水量，P_s は樹冠から地表面上への流下量，E は樹冠からの蒸発量である．P_c, P_s, E はいずれも対象領域における単位時間単位面積当りの水分の移動量を表す．ここで，樹冠の占める面積率を a とし，樹冠が降水 P を捕捉する比率を b とすると

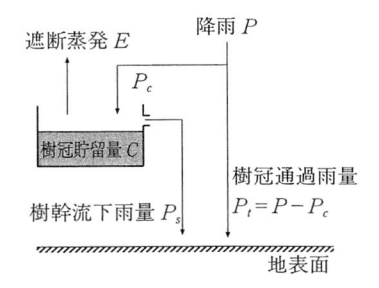

図 6.1 降水遮断の概念図

$$P_c = abP \tag{6.4}$$

である．樹冠貯留量 C には最大値 S があると考え，その値を用いて P_s は

$$P_s = \begin{cases} 0, & C<S \text{のとき} \\ P_c, & C=S \text{のとき} \end{cases} \tag{6.5}$$

とする．つまり，貯留量 C が S に達するまでは樹冠から流下する水分はなく，S を越える分はすべて流下すると考える．蒸発量 E は

$$E = E_p W \tag{6.6}$$

として求める．E_p は可能蒸発量，W は樹冠が濡れている部分の面積割合であり，$W = C/S$ で得られるとする．つまり，樹冠が濡れている部分から E_p だけ蒸発すると考える．ただし，E は樹冠貯留量 C を上回ることはできない．樹冠に捉えられずに地上に到達する雨水 P_g は

$$P_g = P - P_c + P_s = P_t + P_s \tag{6.7}$$

となる．以上のモデルを用いて遮断量，地上に達する雨量を計算するためには，事前にモデルパラメータ a, b, S を決定し，E_p の値を求める必要がある．なお，ここでの水文量はいずれも単位面積当りの値を考えているので，それぞれの流域当りの値は，流域面積を乗じることによって得られる．

6.2 浸　　透

6.2.1 土層中の水分状態

流域に降った雨は遮断の影響を受けた後，地表面上に到達し，土壌中を鉛直に浸透 (infiltration) する (図 **6.2**)．一般に，土層の透水係数 (hydraulic conductivity) は深さとともに減少する．豪雨時，雨水の浸透強度が非常に大きく，ある深さでの土層の透水係数が浸透強度を下回る土層が存在すると，そこで飽和流れ

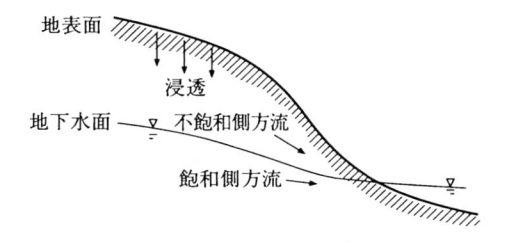

図 6.2 地表面付近での雨水の移動

(saturated flow) が発生して雨水は側方に移動し，洪水流出の主な成分となる．土壌の透水性が高い場合は，雨水は土壌中を鉛直方向に降下して地下水面に到達する．

豪雨時に発生する一時的な土層の飽和状態を除いて，地下水面よりも上の土層中の水分は不飽和の状態となっている．不飽和とは，土層中の土粒子以外の空隙部分が水分だけでなく空気も含まれていることを意味する．土壌単位体積当り土粒子成分以外の占める空隙の体積割合を空隙率 (porosity) といい，0.25 から 0.75 の値をとる．土壌中の水分を表すためには体積含水率 (soil moisture content) θ を用いることが多く

$$\theta = \frac{対象とする土壌中に含まれる水分の体積}{対象とする土壌の体積} \tag{6.8}$$

で表される．土壌が飽和状態にある場合は，体積含水率は空隙率に等しい．体積含水率以外の水分量の表し方として，含水比（水分の重量の土粒子の重量に対する比），飽和度（水分の体積が空隙に占める割合）がある．

6.2.2 不飽和浸透の基礎式

図 6.3 に示す直方体中を鉛直に流れる不飽和流を考える．簡単のため，水平方向の流れはないものとする．直方体の下面から流入する単位面積当りの流量を q とすると下面から流入する流量は $qdxdy$ であり，上面から流出する流量は $(q+\partial q/\partial z\,dz)dxdy$ である．この流量の差が単位時間当りの直方体の水分増加に等しいため

$$\frac{\partial \theta}{\partial t}dxdydz = qdxdy - \left(q + \frac{\partial q}{\partial z}dz\right)dxdy \tag{6.9}$$

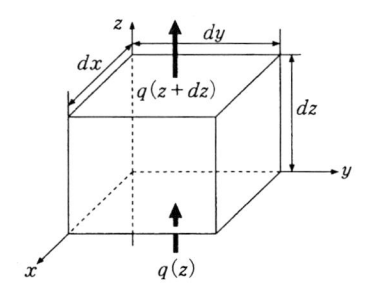

図 6.3 連続式を導くためのコントロールボリュームの設定

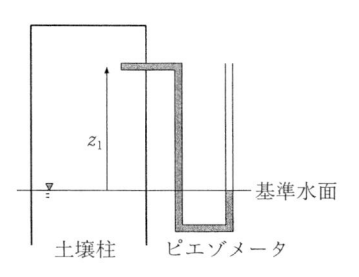

図 6.4 不飽和土壌の圧力水頭

が成り立つ．両辺を $dxdydz$ で割ることにより，連続式

$$\frac{\partial \theta}{\partial t} + \frac{\partial q}{\partial z} = 0 \tag{6.10}$$

が得られる．一方，土壌中の水の流れの運動則にはダルシー則

$$q = -K(\theta)\frac{\partial h}{\partial z} \tag{6.11}$$

が成立する．ここで，$K(\theta)$ は不飽和透水係数，h は水理水頭である．K は θ の関数であり，θ が大きいほど K も大きな値をとる．h は圧力水頭 ϕ と重力水頭 z との和で，長さの次元をもち

$$h = \phi + z \tag{6.12}$$

である．圧力を P とすると圧力水頭は $\phi = P/\rho g$ と表される．ここで ρ は水の密度，g は重力加速度である．

圧力は大気圧を基準とし，飽和している地下水の場合は正の値をとる．不飽和の場合は，土粒子が水分を吸着しようとするため，圧力は負圧（大気圧以下）となる．このことを理解するために，**図 6.4** に示すように，乾いた土壌柱の基準水面から z_1 のところにピエゾメータを付けることを考えよう．今，土壌柱からの蒸発はないものとする．土壌柱内で水分の移動がなければ，基準水面とそこから高さ z_1 の地点での水理水頭は等しい．したがって，ピエゾメータ中の水は吸い上げられて，基準水面と同じ高さで停止するはずである．このとき，基準水面での位置水頭をゼロとし，高さ z_1 での圧力水頭を ϕ_1 とすると

$$0 = \phi_1 + z_1 \tag{6.13}$$

となる．$\phi_1 = -z_1$ であり，圧力が負になっていることがわかる．この圧力の絶対値を吸引圧（suction），負圧（negative pressure）などとよぶ．

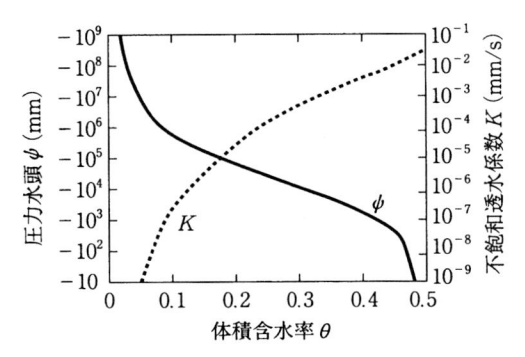

図 6.5 圧力水頭と体積含水率との関係および不飽和透水係数と体積含水率との関係

式（6.12）を式（6.11）に代入すると

$$q = -K\frac{\partial(\psi+z)}{\partial z} \tag{6.14}$$

となる．この式を式（6.10）に代入すると

$$C\frac{\partial \psi}{\partial t} = \frac{\partial}{\partial z}\left\{K\left(\frac{\partial \psi}{\partial z}+1\right)\right\} \tag{6.15}$$

となる．ここで $C(\psi) = d\theta/d\psi$ である．この式が Richards[3] によって示された不飽和流れの基礎式（Richards 式）の鉛直1次元の式である．この式は圧力水頭 ψ に関する式となっているが，体積含水率 θ に関する式に書き直すと

$$\frac{\partial \theta}{\partial t} = \frac{\partial}{\partial z}\left(D\frac{\partial \theta}{\partial z}+K\right) \tag{6.16}$$

となる．ここで $D(\theta) = K(d\psi/d\theta)$ である．これらの式を解くためには，圧力水頭と体積含水率との関係式（水分特性曲線，または ψ-θ 関係式），および不飽和透水係数と体積含水率との関係式（K-θ 関係式）が必要となる．これらの値は土壌によって決まる特性値であり，実験によって決定される．**図 6.5** はそれらの関係を模式的に示したものである．一般的に，体積含水率が大きくなると，圧力水頭は大きくなり，また不飽和透水係数も大きくなる．飽和面で圧力水頭は0に，不飽和透水係数の値は飽和透水係数の値と等しくなる．

Richards 式は D や K が ψ または θ の関数であるため非線形の偏微分方程式となっており，解析解は特別の条件下以外では求まらない．初期条件，境界条件を与えて数値的に解くことになる．

6.2.3 浸透能式

地表面に雨水が十分に供給される場合の最大の浸透速度（浸透能）を表す式として，Horton 式[4]，Philip 式[5,6]，Green-Ampt 式[7] がある．これらの式はいずれも，地表面が常に薄い湛水状態（ponding）にあって浸透し得る雨水が常に地表面に存在することを仮定している．

a. Horton モデル　　Horton 式[4] は

$$f(t) = f_c + (f_0 - f_c)e^{-kt} \tag{6.17}$$

で表される．ここで，$f(t)\,[\mathrm{LT}^{-1}]$ は浸透開始時刻から時間 t 経過したときの浸透能，f_0 は浸透開始時刻での浸透能，f_c は時刻が無限に経過したときの最終浸透能，k は浸透能の減衰を支配するモデル定数である．時間の経過とともに浸透能は減少し，最終浸透能に収束する（**図 6.6**）．Horton 式は経験的に得られた式であるが，式（6.16）における D, K が z 方向に一様であるという仮定を置くことにより，Horton 式と同様の式が導出されることが示された[8,9]．

b. Philip モデル　　Philip 式は

$$f(t) = \frac{1}{2}St^{-1/2} + A \tag{6.18}$$

で表される．S は sorptivity とよばれるモデルパラメータであり，A は時間が無限に経過したときの浸透能を表す．Philip は，鉛直下方に半無限に広がる一様な土層において，初期時刻の土壌水分が一定という条件のもとに，1 次元の Richards 式（式（6.15））を解いて級数解を得た[5,6]．式（6.18）はその内の卓越する 2 項を取り出した近似式である．

c. Green-Ampt モデル　　Green-Ampt 式[7] はダルシー則から導かれる．図 **6.7** に彼らが想定した雨水浸透の過程を示す．この図の横軸は土壌中の体積含水率を表し，縦軸は地表面から地中方向への距離を表す．地表面は常に水深 h_0

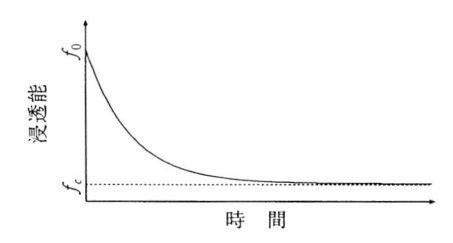

図 6.6　Horton 式による浸透能の時間変化

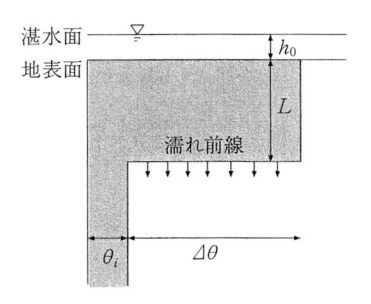

図 6.7 Green-Amptモデル

の湛水状態にあると考える．このとき，地表面直下では飽和または飽和に近い層が形成され，飽和領域と不飽和領域との間の濡れ前線（wetting front）が降下して飽和領域が拡大していく．

図中の θ_i は初期の体積含水率であり，すべての深さの土層において初期含水率は θ_i であるとする．ϕ は空隙率である．浸透開始時刻から時間 t 経過したとき，濡れ前線が地表面から深さ L の地点まで達したとしよう．このときの全浸透量 $F(t)$ は

$$F(t) = L(\phi - \theta_i) = L\Delta\theta \tag{6.19}$$

である．ここで $\Delta\theta = \phi - \theta_i$ である．このときの浸透能を $f(t)$ とし，ダルシー則を適用すると

$$f(t) = -K\frac{(-\psi_f - L) - h_0}{L} \tag{6.20}$$

が成り立つ．ここで K は飽和透水係数，ψ_f は capillary pressure head とよばれ，濡れ前線よりも下側の土壌が不飽和であることによって生じる吸引圧を表す．h_0 の値が $\psi_f + L$ の値よりも十分小さいとすると

$$f(t) = K\frac{\psi_f + L}{L} \tag{6.21}$$

となる．式 (6.19), (6.21) から L を消去すると

$$f(t) = K\left(1 + \frac{\psi_f \Delta\theta}{F(t)}\right) \tag{6.22}$$

となる．この式が Green-Ampt 式である．上式から，時刻 $t=0$ では $F(t)=0$ なので $f(t)$ は無限大，時間が無限に経過したときは $f(t) = K$ となることがわかる．

これらの式から，Horton 式，Philip 式と同様に時間と浸透能との関係式を導

こう. $f(t) = dF(t)/dt$ なので

$$\frac{dF(t)}{dt} = K\left(1 + \frac{\phi_f \Delta\theta}{F(t)}\right) \tag{6.23}$$

これを変数分離形にすると

$$\left(1 - \frac{\phi_f \Delta\theta}{\phi_f \Delta\theta + F(t)}\right) dF(t) = K dt \tag{6.24}$$

となる. 両辺を積分して

$$\int_0^{F(t)} \left(1 - \frac{\phi_f \Delta\theta}{\phi_f \Delta\theta + \xi}\right) d\xi = \int_0^t K d\tau \tag{6.25}$$

これから

$$F(t) - \phi_f \Delta\theta \ln\left(1 + \frac{F(t)}{\phi_f \Delta\theta}\right) = Kt \tag{6.26}$$

が得られる. この式は時刻 t と累加浸透量 $F(t)$ との関係を表す式であり, ニュートン法などを用いて時刻 t での $F(t)$ を求めることができる. 得られた $F(t)$ の値を式 (6.22) に代入すれば, その時刻の浸透能 $f(t)$ が得られる.

Green-Ampt モデルを実際の場に適用しようとすると K, ϕ_f, ϕ, θ_i の値が必要となる. これらのモデルパラメータを既存の土壌または土地利用データから推定する試みが Rawls ら[10] によってなされている.

6.2.4 浸透能式の実際の場への適用

浸透能式は地表面が常に湛水状態にあることを仮定した場合の最大の浸透強度を表す. 浸透能の実測結果によると, 最終浸透能でも数 10 mm/hr の値を示すことが報告されており, 降水初期から地表面が湛水状態となることはほとんどない.

Mein and Larson[11] は, ある時刻まではすべての雨水が浸透し, その時刻を過ぎた時点で湛水が発生して雨水が浸透する過程を, Green-Ampt モデルを用いて説明している. 飽和透水係数 K を上回る一定の降水強度を i とする. 湛水が発生する時刻を t_p とすると, 時刻 t_p までの浸透量は $F(t_p) = it_p$ なので, 式 (6.22) が成り立つとすれば

$$i = K\left(1 + \frac{\phi_f \Delta\theta}{it_p}\right) \tag{6.27}$$

となる. この式を t_p について解くと

$$t_p = \frac{K\phi_f \Delta\theta}{i(i-K)} \tag{6.28}$$

となり，湛水が発生する時刻が得られる．

時刻 $t>t_p$ においては，時刻 t_p における浸透能が i ，その時刻の累加浸透量が $F(t_p)=it_p$ であるような Green-Ampt 式によって浸透が発生すると考える．Chow ら[12]によればその条件を満たす Green-Ampt 式は式（6.26）より

$$F(t_p) - \phi_f \Delta\theta \ln\left(1 + \frac{F(t_p)}{\phi_f \Delta\theta}\right) = K(t_p - t_0) \tag{6.29}$$

となる．ここで t_0 は上の条件を満たすようにとるパラメータである．時刻 $t>t_p$ においては

$$F(t) - \phi_f \Delta\theta \ln\left(1 + \frac{F(t)}{\phi_f \Delta\theta}\right) = K(t - t_0) \tag{6.30}$$

なので，これらの式から t_0 を消去すると

$$F(t) - F(t_p) - \phi_f \Delta\theta \ln\left(\frac{\phi_f \Delta\theta + F(t)}{\phi_f \Delta\theta + F(t_p)}\right) = K(t - t_p) \tag{6.31}$$

が得られる．この式が時刻 t_p 以降の浸透能を表す Green-Ampt 式である．この式を解いて $F(t)$ の値が得られれば，その値を式（6.22）に代入して浸透能 $f(t)$ の値が得られる．Chow らは，同様の取扱いが Horton 式，Philip 式にも可能であることを示し，以上の方法を基本として時間的に降水が変化する場合の浸透能式の適用方法を述べている[12]．

6.3 水循環のモデル化から見た降水遮断・浸透の過程

6.3.1 降 水 遮 断

洪水流出のモデル化では，短期間での豪雨の洪水流出量への変換過程が対象となる．遮断の過程は洪水に寄与する降雨量を減少させる．地表に到達する降水量を算定するために遮断モデルが流出モデルの一部として組み込まれる．

森林が水循環に及ぼす影響の評価や長期的な水循環の予測のためにも，遮断の過程は直接，水循環モデルの一部として組み込まれる．降雨遮断は降水量の 20% 近くを占め，それは蒸発して大気へと戻っていく．植生の葉面からの蒸散と合わせて植生が水・熱循環に及ぼす効果を表すために，大気大循環モデル（GCMs, general circulation models）に遮断の過程が組み込まれている．大気大

循環モデルとは，将来の地球の気候変動を予測するために，全球を対象として，水・熱の循環を表現する数値シミュレーションモデルである．大気大循環モデルは大気大循環のみならず海洋や陸面のプロセスも取り込んだモデルとなっているのでGCMはglobal climate modelとよばれることもある．

6.3.2 浸　　透

降雨強度が地表面の浸透能を上回る場合，浸透しきれない雨水は地表面流となる．このような機構によって発生する地表面流をホートン型地表流（Hortonian overland flow）とよぶ．浸透能式はこの形式で発生する地表面流を算定するために用いられる．ホートン型地表流は地表面の浸透能がきわめて低い場所で発生するため，我が国を含めて表土層が透水性の高い土壌で覆われる温帯の森林域では，ホートン型地表流の発生域は林道や水みちに限られる．ただし，洪水時に地中表層付近で発生する中間流は，土層中の難透水層に沿って発生すると考えられるため，土層中の難透水層上でホートンが考えた機構によって流れが発生していると考えることもできる．熱帯や乾燥・半乾燥地帯では表層の浸透能が極めて低いためにホートン型地表流が発生し，洪水流出の主要な成分となる．

本章で示したRichards式は，飽和・不飽和の流れを一体として扱う式である．従来は，地表面からの蒸発や植生の根系による吸水の効果などと合わせて，小斜面スケールでの詳細な水の流れの解析に用いられてきたが，最近では，流域の水循環を長期的にシミュレーションしようとする数値モデルの中でも用いられるようになってきた．

参　考　文　献

1) 服部重昭：森林水文学, 現代の林学 6, 塚本良則編, 文永堂出版, pp. 82-85 (1992).
2) Sellers, J. P., Mintz, Y., Sud, C. Y. and Dalcher, A.: A simple biosphere model (SiB) for use within general circulation models, *Journal of Atomospheric sciences*, **43**(6), pp. 505-531 (1986).
3) Richards, L. A.: Capillary conduction of liquids through porous mediums, *Physics*, **1**, pp. 318-333 (1931).
4) Holton, E. R.: An approach toward a physical interpretation of infiltration-capacity, *Soil Sci. Soc. Am. Proc.*, **5**, pp. 399-417 (1940).
5) Philip, J. R.: The theory of infiltration. 4. Sorptivity and algebraic infiltration

equations, *Soil Sci.*, **84**, pp. 257-264 (1957).
6) Philip, J. R.: Theory of infiltration, *in Advances in Hydroscience*, (ed.) V. T. Chow, **5**, pp. 215-296 (1969).
7) Green, W. H. and Ampt, G. A.: Studies on soil physics : 1. Flow of air and water through soils, *Journal of Agr. Sci.*, **4**, pp. 1-24 (1911).
8) 石原藤次郎・石原安雄：出水解析に関する最近の進歩，京都大学防災研究所年報，**5** (B), pp. 33-58 (1962).
9) Eaglson, P. S.: Dynamic hydrology, McGraw-Hill, pp. 292-295 (1970).
10) Rawls, J. W., Brakensiek, L. D. and Miller, N.: Green-Ampt infltration parameters from soils data, *J. Hydraul. Div., ASCE.*, **109** (1), pp. 62-70 (1983).
11) Mein, G. R. and Larson, L. C.: Modeling infltration during a steady rain, *Water Resources Research*, **9**(2), pp. 384-394 (1973).
12) Chow, T. V., Maidment, R. D. and Mays, W. L : Applied Hydrology, McGraw-Hill, pp. 140-147 (1988).

7. 斜 面 流 出

　山間地の河川流域（mountainous river basin）の流出過程（runoff process）は，山腹斜面（mountain slope）からの流出過程と，河川網（channel network）を通して水が流集する集水過程の2つの流出プロセスからなる．本章では山腹斜面の流出過程を取り扱い，その物理的なモデル化手法としてキネマティックウェーブモデルを解説する．

7.1 流 出 過 程

　図 7.1 に示すように，河川流域は河道網とそれに接続する単位斜面の集合体として構成される．図 7.2 は単位斜面における雨水の流出過程（runoff process）を示したものであり，山腹斜面に達した雨水は表面流（overland flow），中間流

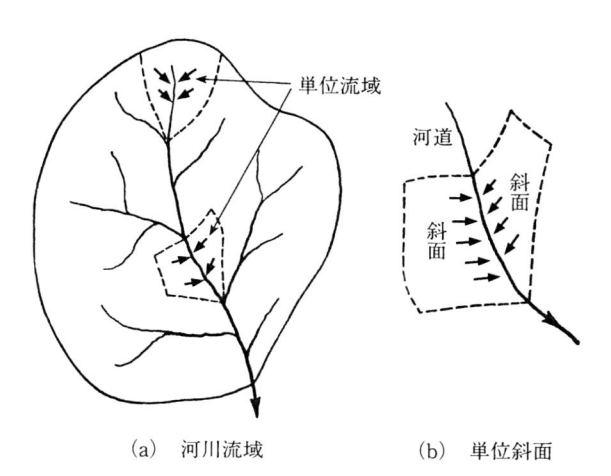

図 7.1　地形形状からみた河川流域の構成

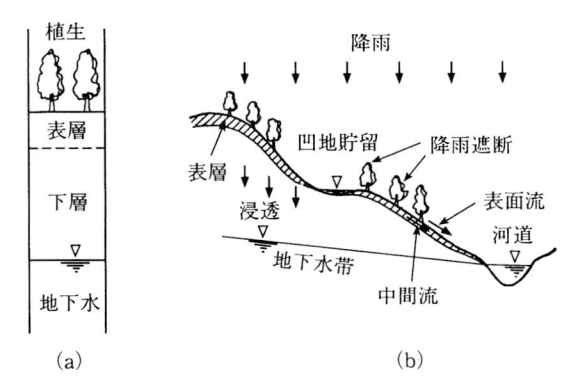

図 7.2 雨水の流出経路

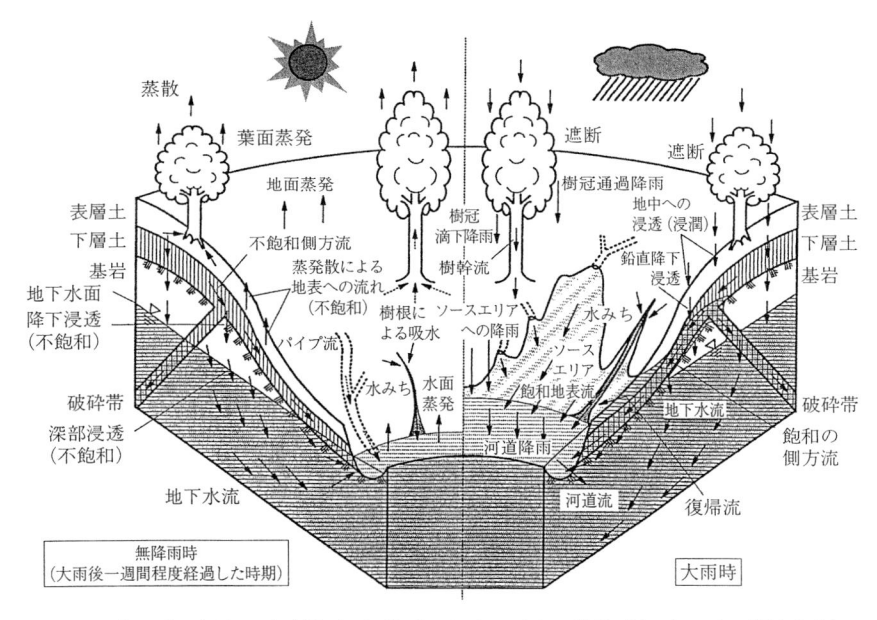

図 7.3 大雨時・無降雨時の斜面・河道系における雨水の移動（宝（1998），岩波書店）

(inter flow or subsurface flow)，あるいはそれらを合わせたものと地下水流出 (groundwater flow) の和として河道に流出する．**図 7.3** はそれぞれ大雨時，無降雨時の山腹斜面における雨水の流動過程を模式的に示したものである．

本章では山腹斜面における流出過程を対象とするが，一般の河川流域では，降水が河川に流入していくまでの経路として，山腹斜面に限らず田畑や住宅地など

も考える必要がある．また，河川網だけでなく，溜池，湖なども対象とする必要がある．とくに，水田では，稲の生育の時期によって灌漑用水が制御されるので，物理的な流出機構だけでなく，人為的な用水制御の仕組みも考慮しないと水田地域からの流出を分析することはできないことに注意しなければならない．人間活動の影響も考慮して流出過程をとらえていくことは重要な課題であり，それへの取組みがなされつつある．

7.2 水文流出系におけるキネマティックウェーブ理論

流域への降雨が対象地点の河川流量に変換される過程の内実は，流域内の雨水の流動にある．この観点に基づいて構成された流出モデルの1つがキネマティックウェーブモデルである．キネマティックウェーブモデルを山腹斜面の表面流（surface flow）に適用することによって，石原・高棹[1]の表面流理論が展開され，近代的な水文学の形成が開始された．この理論では，流量（discharge）が流積（cross section）あるいは水深（water depth）のべき乗関数で表されると仮定する．しかし，石原ら[2]が後に示したように，山腹斜面の流れでは透水性（permeability）の高い表土層（surface soil layer）中を流れる中間流（interflow or subsurface flow）が地表に達して形成される表面流（saturated overland flow）が存在する．この場合，中間流と表面流とを一体的に考えるのが便利である．すなわち，水深の変化に応じて流れの形態が変化することを反映するように流量と流積の関係式を修正すると都合がよい．そのために以下では，べき乗関数に限らず，より一般的な流量と流積の関係式にも適用できるキネマティックウェーブモデルの解法を提示する．

7.2.1 開水路流れの基礎方程式とキネマティックウェーブ近似

質量と運動量の保存則を適用することによって，1次元非定常の開水路の漸変流（gradually varied open channel flow）の基礎方程式が得られる．

$$\text{連続式} \quad \frac{\partial A}{\partial t} + \frac{\partial Q}{\partial x} = q_L \tag{7.1}$$

$$\text{運動式} \quad \frac{1}{g}\frac{\partial u}{\partial t} + \frac{u}{g}\frac{\partial u}{\partial x} + \cos\theta\frac{\partial h}{\partial x} = \sin\theta - \frac{\tau_b}{\rho g R} - \frac{u q_L}{gA} \tag{7.2}$$

ただし，A は流積（通水断面積），Q は流量，$u\,(=Q/A)$ は断面平均流量，q_L は流れの方向の単位幅当りの横流入強度，h は鉛直方向に測った水深，θ は水路床の勾配，g は重力加速度，τ_b は境界面摩擦応力，ρ は水の密度，R は水理水深（通水断面積を潤辺（wetted perimeter）で割った値），t, x はそれぞれ時刻と位置を表す．Manning の抵抗則を用いれば，粗度係数（Manning's roughness coefficient）を n とするとき，$\alpha_f = n^2 \rho g R^{-1/3}$, $m_f = 2$ とおいて

$$\tau_b = \alpha_f u^{m_f} = \alpha_f \left(\frac{Q}{A}\right)^{m_f} \tag{7.3}$$

と表される．これを運動式（7.2）に代入して，流量 Q について解くと

$$Q = f(A) \left\{ 1 - \frac{1}{\sin\theta}\left(\frac{1}{g}\frac{\partial u}{\partial t} + \frac{u}{g}\frac{\partial u}{\partial x} + \cos\theta\frac{\partial h}{\partial x} + \frac{uq_L}{gA}\right)\right\}^{1/m_f} \tag{7.4}$$

が得られる．ただし，右辺に表れる通水断面積 A の関数 $f(A)$ は

$$f(A) = A\left(\frac{\rho g R \sin\theta}{\alpha_f}\right)^{1/m_f} = \frac{1}{n} A R^{2/3} \sqrt{\sin\theta} \tag{7.5}$$

である．水理水深 R は河道断面形状によって異なるが，通常は，流積 A との間に，K_1, z を定数として，べき乗則 $R = K_1 A^z$ が成り立つので，式（7.5）は

$$f(A) = \alpha A^m \quad \text{ただし，} \quad \alpha = \frac{K_1^{2/3}\sqrt{\sin\theta}}{n}, \quad m = 1 + \frac{2}{3}z \tag{7.6}$$

の形になる．

現実に取り扱う問題では，式（7.4）右辺の $\{\cdot\}$ の中の横流入 q_L に関係する項は他の項に比べてきわめて小さい．また，水面勾配は河床勾配に比してきわめて小さい場合が多い．このような場合には，流速の場所的・時間的な変化は河床勾配に比べて小さくなる．これは，式（7.4）右辺の $\{\cdot\}$ の第 2 項が無視できることを意味し，式（7.4）は

$$Q = f(A) = \alpha A^m \tag{7.7}$$

とべき乗則の形に書けることになる．

より一般に，流量 Q が流積 A と位置 x の関数となるような，すなわち

$$Q = f(A, x) \tag{7.8}$$

と表される 1 次元流れのモデルをキネマティックウェーブモデルとよぶ．とくに，式（7.7）のように，流量 Q と流積 A との間にべき乗則を考えるモデルをべき乗則キネマティックウェーブモデルという．

開水路流れに対するキネマティックウェーブ近似を傾斜した平面上の薄層流 (sheet flow) に適用すると,斜面幅を B として $A = Bh$ であり,$R \approx h$ としてよいため,表面流に対するキネマティックウェーブモデルが次のように得られる.

連続式 $$\frac{\partial h}{\partial t} + \frac{\partial q}{\partial x} = r_e = r - p \tag{7.9}$$

運動式 $$q = \alpha h^m \tag{7.10}$$

ただし,h は水深,q は単位幅当りの流量,r_e は斜面単位面積当りの雨水補給強度,r は降雨強度,p は浸透強度 (infiltration rate),t, x はそれぞれ時刻と位置を表す.Manning の抵抗則が成り立つとき,定数 α と m は,それぞれ,

$$\alpha = \frac{\sqrt{\sin \theta}}{n}, \quad m = \frac{5}{3} \tag{7.11}$$

である.ただし,n は Manning の粗度係数,θ は斜面の勾配である.

7.2.2 キネマティックウェーブモデルの解法

a. 基 礎 式 一般的なキネマティックウェーブ流れの基礎式は,式 (7.9) (7.10) を一般的に書くことにより

$$\frac{\partial h}{\partial t} + \frac{\partial q}{\partial x} = r(x, t) \tag{7.12}$$

$$q = f(x, h) \tag{7.13}$$

で与えられる.この式 (7.13) を式 (7.12) に代入すると,

$$\frac{\partial h}{\partial t} + \frac{\partial f}{\partial h} \frac{\partial h}{\partial x} = r - \frac{\partial f}{\partial x} \tag{7.14}$$

が得られる.この偏微分方程式の特性微分方程式 (characteristic differential equation) は

$$\frac{dh}{dt} = r - \frac{\partial f}{\partial x} \tag{7.15}$$

$$\frac{dx}{dt} = \frac{\partial f}{\partial h} \tag{7.16}$$

である.特性微分方程式の導出は,付録 A の準線形偏微分方程式の解法に示した.一般に,$\partial f/\partial h \geqq 0$ であると仮定してよく,この場合,水深 h の撹乱は x の増加する方向へ伝播する.

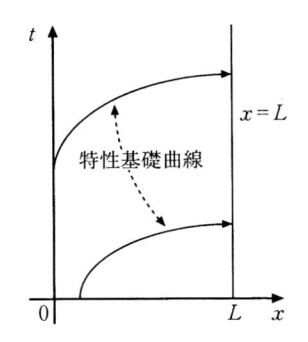

図 7.4　特性基礎曲線が覆う帯状領域

初期・境界条件が,

$$h(x, 0) = H_I(x) \quad 0 \leqq x \leqq L \tag{7.17}$$

$$h(0, t) = H_B(t) \quad t > 0 \tag{7.18}$$

で与えられるとして，流れが式 (7.12), (7.13) で記述されるときの $x=L$ での水深 h（または流量 q）を求める問題を考えよう．ただし，$H_I(x)$, $H_B(t)$ は与えられた関数である．

特性曲線の理論 (Cauchy's theory on characteristic curves) によれば，t 軸の正の部分および x 軸の $0 \leqq x \leqq L$ の部分から出発する特性基礎曲線族 (family of characteristic base curves) が互いに交差することなく，**図 7.4** に示す帯状の領域を覆うならば，特性曲線 (characteristic curve) は方程式 (7.14) の解曲面上にある．次項で述べるように，入力 r，流量と流積の関係式 $f(x, h)$，初期・境界条件がある種の条件を満たすときは，特性基礎曲線が交差しないことを証明することができる．そのような場合には，特性微分方程式 (7.15, 7.16) を解析的に解くか，または Runge-Kutta 法などを用いて数値的に解くかして所要の解を求めることができる．しかし，特性基礎曲線が交差しないことが必ずしも保証されない場合には，特性曲線を追跡していく方法では，特性基礎曲線の交差が起こったときにそれ以上計算を進めることができなくなるので，**c.** で述べる差分法によるのが望ましい．

b.　一様な流量・流積関係式，一様な横流入の場合の解析解　式 (7.12), (7.13) で，流量・流積関係式 f，横流入 r が位置 x に依存しない場合を考える．そうすると，特性微分方程式 (7.15) は

$$\frac{dh}{dt} = r \tag{7.19}$$

$$\frac{dx}{dt} = f'(h) \tag{7.20}$$

と書ける．さらに，式（7.17）の $H_I(x)$ は x の非減少関数，$H_B(t)$ は t の非増加関数とし，$\lim_{t \to 0} H_B(t) < H_I(0)$ と仮定すると，下流側の特性曲線ほど伝播速度 dx/dt が大きくなるので特性基礎曲線が交差することはない．

以下では，横流入強度 r が区分的に一定値をとるとき，すなわち，時間区分 $t_1 < t_2 < \cdots < t_i < \cdots$ が与えられていて，$t_{i-1} < t < t_i$ で $r(t) = r_i = $ 一定とできるときの特性微分方程式の解を求める．

区間 $t_{i-1} < t < t_i$ に対して，特性微分方程式（7.19）は容易に積分でき

$$h(t) = h_* + (t - t_{i-1}) r_i \tag{7.21}$$

で，これを微分方程式（7.20）に代入して積分すると

$r_i \neq 0$ のとき $\quad x(t) = x_* + \dfrac{f(h_* + (t - t_{i-1}) r_i) - f(h_*)}{r_i} \tag{7.22}$

$r_i = 0$ のとき $\quad x(t) = x_* + f'(h_*)(t - t_{i-1}) \tag{7.23}$

を得る．ただし，式（7.21），(7.22)，(7.23) 中，x_*, h_* は，それぞれ特性曲線が時刻 t_{i-1} に出発する位置，流積である．式（7.22），(7.23) によって計算される $x(t_i)$ が L より大きくなるときは，特性基礎曲線は，時刻 t_i 以前の時刻に下流端に到達することになる．その時刻 t_E は，$x(t_E) = L$ を t_E について解けば得られ，その時刻の流積は，式（7.21）から得られる．

以上の方法により x 軸および t 軸を出発する特性基礎曲線が追跡され，それが下流端に到達する時刻，流積，流量が求められる．この解法は特性基礎曲線が交差しない場合に有効である．斜面系に対しては通常 $h(x, 0) = H_I(x) = 0$，$h(0, t) = H_B(t) = 0$ と仮定される．この場合は特性基礎曲線は交差しない．しかし時間的に増大するような上流端流入量をもつ河道区分では，特性基礎曲線が交差するかもしれない．このような場合には，次に述べる差分解法によるのがよい．

c. 差分スキームによる解法　　特性基礎曲線が交差する場合にはいわゆるキネマティックショックウェーブが発生して，特性曲線を追跡する方法では1価の解が得られない．以下で述べる差分解法は，このような場合にも有効である．

本項では，前項で扱ったものよりは一般的なキネマティックウェーブモデル式

(7.12), (7.13) を考える. 初期・境界条件は式 (7.17) で与えられるとする. この流れに対する差分解法は種々考えられるが, 以下では, 2次のオーダーの精度をもつ Lax-Wendroff スキームに類似の方法を与える. まず

$$x_j = j\Delta x, \quad j = 0, 1, \cdots, n, \quad \Delta x = L/n \tag{7.24}$$

で与えられる $n+1$ 個の節点 $x_0, x_1, \cdots, x_n$ を設け, ある時刻 t_i において, $h(x_j, t_i)$, $q(x_j, t_i)$, $j = 0, 1, \cdots, n$ を既知とする. 初期条件と流量流積関係式によって, $t_i = 0$ のときはこれらの値は既知である.

さて, 微小時間 Δt 後 $t_{i+1} = t_i + \Delta t$ での流積 $h(x_j, t_{i+1})$ を求めることを考えよう. $j = 0$ に対しては境界条件から, $h(x_0, t_{i+1}) = H_B(t_{i+1})$ である. $1 \leq j \leq n-1$ に対しては, $h(x_j, t_{i+1})$ を $t = t_i$ の回りに Taylor 展開して Δt の2次の項までとると

$$h(x_j, t_{i+1}) = h(x_j, t_i) + \Delta t \frac{\partial}{\partial t} h(x_j, t_i) + \frac{\Delta t^2}{2} \frac{\partial^2}{\partial t^2} h(x_j, t_i) \tag{7.25}$$

が得られる. 連続式 (7.12) を用いると, 右辺は

$$h(x_j, t_i) + \Delta t \left\{ r(x_j, t_i) - \frac{\partial}{\partial x} q(x_j, t_i) \right\}$$
$$+ \frac{\Delta t^2}{2} \left[\frac{\partial r}{\partial t} - \frac{\partial}{\partial x} \left\{ \frac{\partial f}{\partial h} \left(r - \frac{\partial q}{\partial x} \right) \right\} \right]_{x = x_j, t = t_i} \tag{7.26}$$

と書き換えられ, 未知量に関する時間微分項を含まない形となる. そこで, 空間微分をそれぞれ, 空間差分

$$\frac{\partial}{\partial x} q(x_j, t_i) \to \frac{q(x_{j+1}, t_i) - q(x_{j-1}, t_i)}{2\Delta x} \tag{7.27}$$

$$\frac{\partial}{\partial x} \left\{ \frac{\partial f}{\partial h} \left(r - \frac{\partial q}{\partial x} \right) \right\}_{x = x_j, t = t_i} \to \frac{1}{\Delta x} \left\{ G(x_{j+1/2}, t_i) - G(x_{j-1/2}, t_i) \right\} \tag{7.28}$$

で置き換えると $h(x_j, t_{i+1})$ の計算式が得られる. ただし,

$$G(x_{j \pm 1/2}, t_i) = \frac{\partial}{\partial h} f\left(x_j \pm \frac{\Delta x}{2}, \frac{h(x_j, t_i) + h(x_{j \pm 1}, t_i)}{2} \right)$$
$$\cdot \left\{ r\left(x_j \pm \frac{\Delta x}{2}, t_i \right) - \frac{q(x_{j+1/2 \pm 1/2}, t_i) - q(x_{j-1/2 \pm 1/2}, t_i)}{\Delta x} \right\} \tag{7.29}$$

とする (複号同順). $j = n$ に対しては, 後退差分近似を用いて,

$$h(x_n, t_{i+1}) = h(x_n, t_i) + \Delta t \left\{ r(x_n, t_i) - \frac{q(x_n, t_i) - q(x_{n-1}, t_i)}{\Delta x} \right\} \tag{7.30}$$

とする. 以上の計算中の時間間隔 Δt は, Courant の条件

$$\varDelta t \leq \varDelta x \Big/ \frac{\partial}{\partial h} f(x_j, t_i), \quad j = 0, 1, \cdots, n \tag{7.31}$$

を満たすようにとる．そのような$\varDelta t$をとって，時刻t_{i+1}の流積を求めたら，時刻t_{i+1}でもCourantの条件が満たされていることを確かめておくのがよい．そうでない場合は，$\varDelta t$を小さくとって再計算する．

この解法に欠点がないわけではない．1つの難点は，Courantの条件を満たすように時間間隔$\varDelta t$をとっても数値的安定性は必ずしも保証されないという点である．しかしながら，この解法は，かなり一般的な流入条件，流量流積関係を取り扱え，キネマティックショックウェーブが発生しても近似的に解けるという利点をもっている．

キネマティックウェーブモデルの差分解法としては，この他にも種々の方法が考えられているので（8章文献16)～21)）など），実際の計算に当たっては，どの方法を選ぶかよく検討することが必要である．

7.3 山腹斜面系のモデル化

キネマティックウェーブモデルを山腹斜面の流出解析に初めて適用したのは，末石[3]である．末石は，斜面上の薄層表面流が，べき乗則キネマティックウェーブ式で記述されるとして，対数図式法を用いて大戸川の流出を解析した．同様の仮定を用いて，石原・高棹[1]は，時間的に変化する横流入のあるべき乗則キネマティックウェーブモデルの解の構造を解析的に表現し，これを用いて地表面流による雨水流出の基本的特性を明らかにした．

しかしながら，山腹斜面表層付近の流れのすべてがべき乗則キネマティックウェーブ式でモデル化されるとはいえない．石原・高棹[4]は，山腹表層に透水性の高い土壌層を考えてこれをA層（A-layer）とよび，A層内の自由水の側方流れ（中間流）がA層を越えて地表に達したときに地表面流（すなわち，飽和表面流）が発生するという構造を想定した．こうした構造では，地表面流の発生は斜面の下部で生じ，その発生域が初期土湿条件・降雨入力条件によって1出水内でも時間的に変動するという現象が生じる．この現象は，べき乗則キネマティックウェーブモデルでは説明しえない構造的特質であり，石原ら[2]によって実際の流出現象におけるその役割の重要性が実証された．

本節では，この石原・高棹の中間流・地表面流を一体的に追跡するため，A層上の地表面流に対して，A層内流量流積関係式と連続的に接続する流量流積関係式を採用して，その数値解法を示す．また，収束する山腹斜面において表面流が発生しやすいというDunne & Black[5, 6]の観測結果を説明するために，山腹斜面形状の効果を考慮することができる地形パターン関数（geometric pattern function）を用いたキネマティックウェーブモデル（高棹・椎葉[7]）を説明する．

7.3.1 中間流・地表面流の統合

A層をもつ林草地表面において，A層内中間流とA層上地表面流とを統合した流れを中間流＋地表面流と表す．図7.5は，この中間流＋地表面流の構造を説明するための模式図である．図中，Lは斜面長，θは斜面勾配，DはA層厚，H_Aは中間流水深，H_sは表面流水深，v_Aは中間流平均流速，v_sは地表面流平均流速，rは降雨強度，pはA層底面から下層への浸透強度である．

林草地表層の透水性はきわめて大きく，数百 mm/h に達するといわれるので，A層が不飽和である場所では，表面に雨水は滞留せず，直ちにA層に浸透するものと考える．したがって，$H_A<D$のところでは，$H_s=0$であり，$H_s>0$のところでは，$H_A=D$とする．すなわち，中間流水深がA層厚に達する地点より下流側においてのみ，中間流がA層全体に達して地表面流が発生する．

このように図式化される中間流＋地表面流の流積hを次のように定義する．

$$h = \gamma H_A + H_S \tag{7.32}$$

ただし，γはA層内有効空隙率（effective porosity）である．こうして定義される流積は，単位面積当りの，中間流および地表面流の両形態にある雨水の貯留量であり，場所的・時間的に変動する．また，中間流・地表面流の流量qを

$$q = \gamma H_A v_A + H_S v_S \tag{7.33}$$

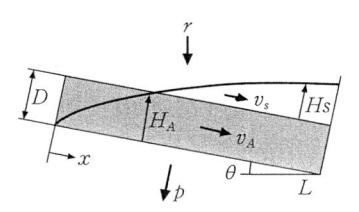

図 7.5 表層付近の流れのモデル化

と定義する．q は場所的・時間的に変動する．

A層内中間流は，輸送項の卓越するG型中間流（高棹[8]）とする．そうすると，A層内平均流速は，A層内の透水係数を k として

$$v_A = k \sin \theta / \gamma \quad (=a \text{ とおく}) \tag{7.34}$$

で与えられる．$H_S > 0$ のときは，中間流だけでなく地表面流も発生していることになるが，表面流流速と中間流流速の連続性を考慮して

$$v_S = \alpha H_S^{m-1} + a \tag{7.35}$$

とする．α, m は定数である．$d = \gamma D$ とおいて，h と q の関係を整理すると

$h < d$ のとき，$q = ah$

$h \geq d$ のとき，$q = \alpha (h-d)^m + ah$ \quad (7.36)

となる．この区分的に定められる関係を $q = f_{AS}(h)$ と書くことにする．一方，雨水の連続式は，式 (7.32)，(7.33) による流積 h，流量 q の定義と，**図7.5** に示した関係から

$$\frac{\partial h}{\partial t} + \frac{\partial q}{\partial x} = r \cos \theta - p \tag{7.37}$$

と表される．式 (7.36)，(7.37) が中間流・地表面流の基礎方程式である．

この方程式系は，べき乗則キネマティックウェーブ式ではないが，やはりキネマティックウェーブ式であり，その解法は既に述べたところである．中間流と地表面流とを統合したこの取扱いでは地表面流の発生域を陽に求める必要がなく，雨水流の形態の転移は，流量流積関係を区分的に定義することによって，流れの追跡計算過程で自動的に考慮される．これらの統合式を発展させて，低水から高水まで表現できるような流量流積関係式が椎葉ら[9]，立川ら[10]によって提案されている．

7.3.2 地形形状効果の導入

前項では，A層に被覆された平面上の中間流＋地表面流モデルを考えた．斜面上流から雨水を集めて流下する中間流が，A層内だけでは雨水を流下させることができなくなると，A層表面に地表面流を発生させるという機構をこのモデルはもっている．

ところが，このモデルで考えられているように斜面が平面ではなく，**図7.6** (a) のように収束する曲面であれば，地形による集水効果のために地表面流が発生

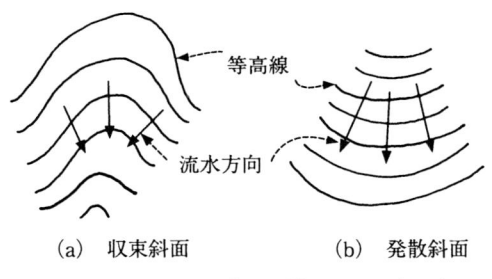

図 7.6 収束または発散する斜面での雨水の流れ

する傾向はさらに強くなるであろうし，逆に図 7.6（b）のように発散する曲面であれば，地表面流の発生は抑制される．実際，Dunne & Black[5]は，試験流域（experimental basin）での自然降雨および人工散水による流出を観測して，収束する斜面（converging slope）の下部で表面流が発生しやすい事実を示している．こうした斜面形状の効果を考慮するために，高棹・椎葉[7]は地形パターン関数を導入したキネマティックウェーブモデルを提案した．

a. 地形パターン関数を導入したキネマティックウェーブモデル　　地形パターン関数 $g(y)>0$ を導入したキネマティックウェーブモデルとは，次の方程式で表現されるモデルをいう．

$$\frac{\partial s}{\partial t}+\frac{\partial w}{\partial y}=g(y)r(t), \quad 0\leq y\leq 1 \tag{7.38}$$

$$w=g(y)f(s/g(y)) \tag{7.39}$$

$$y=0 \ \text{で} \ w=s=0 \tag{7.40}$$

$$Q(t)=w(1,t) \tag{7.41}$$

ただし，t は時刻，y は無次元化された空間座標，$r(t)$，$Q(t)$ はそれぞれ時刻 t での入力と出力，$s(y,t)$，$w(y,t)$ は位置 y，時刻 t での流積と流量，f は流量流積関係を定める関数で，$f(0)=0$ とする．$g(y)$ が y によらず一定の値をとれば普通のキネマティックウェーブモデルになる．

b. 円錐面上のキネマティックウェーブモデルと中間流・地表面流　　金丸[11]は，図 7.7 のような収束または発散する円錐面上の表面流を考え，連続式を次のように与えている．

7.3 山腹斜面系のモデル化

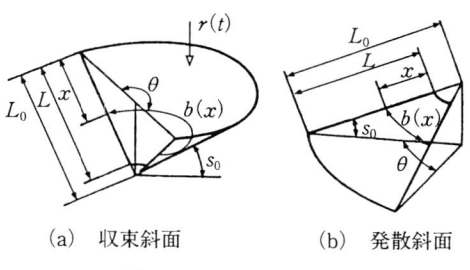

(a) 収束斜面　　　(b) 発散斜面

図 7.7 円錐面斜面モデル

$$\frac{\partial h}{\partial t} + \frac{1}{b(x)}\frac{\partial}{\partial x}\{uhb(x)\} = r(t) \tag{7.42}$$

ただし，h は鉛直方向に測った水深，u は流下方向の平均流速，$r(t)$ は（有効）降雨強度である．$b(x)$ は位置 x での流域幅であり，図 7.7 (a) のような収束する円錐面では，$b(x) = \theta \cos S_0 (L_0 - x)$ であり，図 7.7 (b) のような発散する円錐面では，$b(x) = \theta \cos S_0 (x + L_0 - L)$ である（θ, S_0, L_0, L については，図 7.7 を参照）．

ここで，$q = uh$ とおくと，斜面下流端の単位幅当りの流出量を線積分して得られる下流端総流出量 $Q(t)$ は

$$Q(t) = b(L)q(L, t)\cos S_0 \tag{7.43}$$

で与えられるから，変数変換

$$y = x/L, \quad g(y) = b(Ly)L\cos S_0 \tag{7.44}$$
$$w(y, t) = b(Ly)q(Ly, t)\cos S_0 \tag{7.45}$$
$$s(y, t) = b(Ly)Lh(Ly, t)\cos S_0 \tag{7.46}$$

を用いると，式 (7.42), (7.43) は

$$\frac{\partial s}{\partial t} + \frac{\partial w}{\partial y} = g(y)r(t) \tag{7.47}$$

$$Q(t) = w(1, t) \tag{7.48}$$

となり，流量流積関係式を $q = f(h)$ として，変数変換式 (7.44)〜(7.46) を用いると，w と s の関係

$$w = g(y)f^*(s/g(y)) \tag{7.49}$$

が得られる．ただし，$f^*(h) = f(h)/L$ とおいた．

結局，円錐面上の流れは，式 (7.47), (7.48), (7.49) によって記述されること

になる．これは既に示しておいた，地形パターン関数を用いたキネマティックウェーブの形をしている．また，収束または発散する円錐面では，地形パターン関数 $g(y)$ は y の1次式であり，1次の項の係数は，円錐面が収束するとき負，発散するとき正である．

以上のモデルでは流域からの流出量を出力としているが，出水特性をみるには，流出高を出力とするように変形しておくのが便利である．そのために，地形パターン関数 $g(y)$ を正規化して

$$G(y) = g(y) \Big/ \int_0^1 g(y) dy \tag{7.50}$$

と定義する．収束または発散する円錐面では $g(y)$ が，したがって $G(y)$ が y の1次式になるから $G_0 = G(0)$ とおくと

$$G(y) = 2(1-G_0)y + G_0 \tag{7.51}$$

と表される．$G_0 > 1$ では収束する円錐面を，$G_0 < 1$ では発散する円錐面を，$G_0 = 1$ は矩形平面を表す．

収束または発散する円錐面上の中間流＋地表面流を追跡して得た計算例を**図7.8**に示す．同図は，円錐面の収束または発散を表すパラメータ G_0 を変化させたときに得られるハイドログラフ（hydrograph）を並べたものである．地表面流が発生しない間は，系は線形定常で，発散する円錐面（$G_0 < 1$）の単位図（unit graph）の形状は最初大きく後の方ほど小さくなるので，図7.8でも，$G_0 < 1$ の場合のハイドログラフは，最初に大きく後半で減少する形になっている．

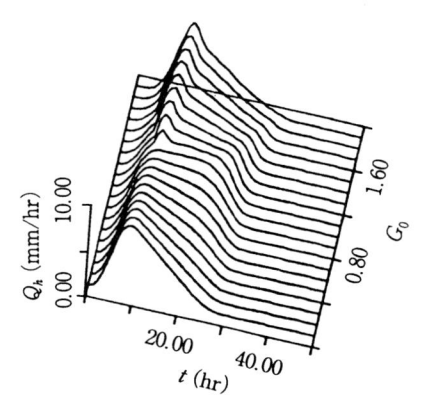

図7.8 G_0 の変化による出水形態の変化

このまま地表面流が発生しなければ，$G_0>1$ の場合には，ハイドログラフは，逆に後半で大きくなるはずであるが，図 7.8 ではそうなっていない．これは，この計算例では，集水効果のために，流れが A 層を越えて地表面流が生じる部分がでてきたためである．地表面流が生じるとそこでの流速は一般に中間流のそれより大きいので，G_0 が大きいほど出水が急激になるのである．計算条件やその他の計算例については，高棹・椎葉[7)]を参照されたい．

この例から明らかなように，斜面形態の影響の仕方は必ずしも一方向的ではない．A 層厚が大きくて，地表面流が生じない場合は，斜面形態が収束的であることは，出水を遅らせる方向に作用するのに対して，A 層厚が小さくて，あるいは降雨強度が大きくて，地表面流が生じる場合には，斜面形態が収束的であることは，逆に出水を急激化する方向に作用する．これは出水特性と斜面形態の関係を把握するにあたってとくに注意を要する点である．

以上では円錐面を考えたので地形パターン関数は 1 次式であった．地形パターン関数を導入したキネマティックウェーブモデルを単に入出力系のモデルとしてみれば，地形パターン関数を 1 次式に限定する必要はない．地形パターン関数を適当に選ぶことによって，円錐面や矩形平面に限らない複雑な山腹斜面の流れを近似することができる．

7.3.3 裸地域からの表面流出と中間流出

高棹[1)]は，河道の効果が無視できる場合に，キネマティックウェーブ流れの最大流量の発生時刻と到達時間との間に，近似的に図 7.9 のような関係があることを見出した．図中，t_p は最大流量の発生時刻であり，τ_p は，降雨強度が最大流量の発生時刻と等しい値をとる時刻である．高棹が見出したのは，こうして求めら

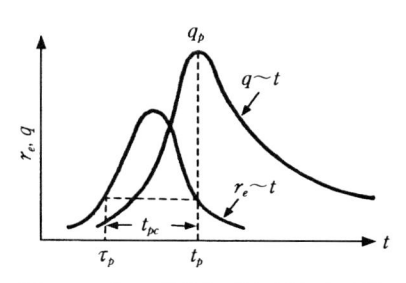

図 7.9 ピーク流量と到達時間の関係[1)]

れる時刻 τ_p が，時刻 t_p に下流端に到達する特性曲線が上流端を出発した時刻であるという関係である．

この関係を用いて，高棹ら[2]は，由良川流域大野ダム地点の出水資料を整理し，最大流量に対応する到達時間 t_{pc} と到達時間内の有効降雨強度（平均置換有効降雨強度[2]）r_{mp} の間に，図 7.10 のような関係があることを見出している．高棹は，遷移領域のところで，最大流量と到達時間の関係が変化しており，降雨強度が小さい領域では中間流出が卓越していて，降雨強度が大きくなって遷移領域を越えると表面流出が卓越するために，このような最大流量と到達時間の関係のギャップが生じていると解釈している．降雨強度によって出水構造が変化することを示した独創的な分析であるが，中間流出が卓越した領域をそのまま延長した場合に比べて，表面流出が卓越した領域で到達時間がかえって大きくなっていることについて，理由づけが必要であろう．

一般に，山地流域でも，林道・透水性の低い一時的水みち・踏地・岩石の露出部分・河道などのように，降雨の大部分が表面流となって流出する部分が存在する．これらの地域を裸地域（bare soil area）と総称しよう．山地流域の直接流出を考える場合，これらの裸地域からの流出を無視することはできない．多くの試験流域での観測結果によれば，その面積率が高々10％程度の小さなものであっても，これらの裸地域からの流出は無視できない．それどころか，直接流出の大半が裸地域からの流出で説明できるようである．野州川支川荒川試験地での出水

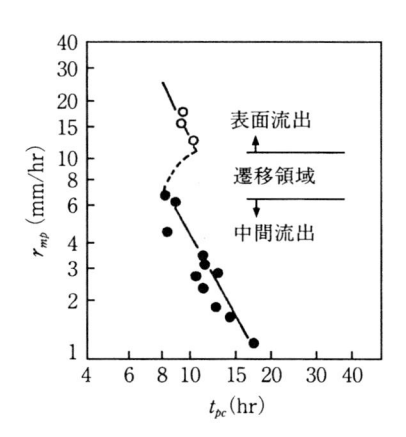

図 7.10 最大流量の到達時間と平均置換有効降雨強度の関係（大野ダム地点）[2]

に関する久保の流出解析[12]によれば，ピーク流出の約80％が，面積率が約5％の裸地域からの流出分としている．

しかしながら，直接流出の主成分がいつでも裸地域からの流出であるわけではない．A層域に浸入した雨水は最初毛管水としてA層内に貯留されるので，雨水が重力水として流れるA層内側方流れ，すなわち中間流が形成されるにはある程度の雨水補給がなければならない．一方，裸地域では，損失量も小さいので，降雨の大半は表面流となって流出する．したがって，試験流域で通常観測されるような再現期間（return period）の短かい規模の小さい降雨では，A層域に中間流が十分発達しないために，裸地域からの流出が直接流出の大半を占めることになる．すなわち，直接流出の主成分が裸地域からの流出で説明できるのは，降雨規模の小さい小出水の場合であって，降雨規模が大きくなるとA層域からの直接流出を考える必要がある．

そこで，降雨規模との関連において考えると直接流出には次の3つの型があることになる．

① 裸地域からのHorton型表面流のみ
② 裸地域からのHorton型表面流とA層域の中間流
③ 裸地域からのHorton型表面流とA層域の中間流・飽和表面流

小出水では，①の型が生じ，非線形性をもつ．中出水では，②の型が生じ，非線形性が弱まる．大出水になると，③の型が生じ，再び非線形性が強くなる．

図7.10で，中間流出領域に分類されているのは，裸地域からのHorton型表面流のみが卓越する小出水の領域であり，表面流出と分類されているのは，A層域の上の飽和表面流が卓越する大出水の領域であって，到達時間が小出水のときの関係よりも大きいのは，A層域の中間流の影響を受けているためであると解釈することができる．

参 考 文 献

1) 石原藤次郎・高棹琢馬：単位図法とその適用に関する基礎的研究，土木学会論文集，**60**号別冊（1959）．
2) 石原藤次郎・石原安雄・高棹琢馬・頼 千元：由良川の出水特性に関する研究，京都大学防災研究所年報，**5**(A)，pp. 147-173（1962）．
3) 末石冨太郎：特性曲線法による出水解析について－雨水の流出現象に関する水理

学的研究（第2報），土木学会論文集，**29**, pp. 74-87（1955）．
4) 石原藤次郎・高棹琢馬：中間流出現象とそれが流出過程に及ぼす影響について，土木学会論文集，**79**, pp. 15-21（1962）．
5) Dunne, T. and Black, R. D.: An experimental investigation of runoff production in permeable soils, *Water Resources Research*, **6** (2), pp. 478-490 (1970).
6) Dunne, T. and Black, R. D.: Partial area contributions to storm runoff in a small new England watershed, *Water Resources Research*, **6** (5), pp. 1296-1311 (1970).
7) 高棹琢馬・椎葉充晴：Kinematic Wave 法への集水効果の導入，京都大学防災研究所年報，**24** (B-2), pp. 159-170（1981）．
8) 高棹琢馬：出水現象の生起場とその変化過程，京都大学防災研究所年報，**6**, pp. 166-180（1963）．
9) 椎葉充晴・立川康人・市川　温・堀　智晴・田中賢治：圃場容水量・パイプ流を考慮した斜面流出モデルの開発，京都大学防災研究所年報，**41** (B-2), p. 229-235（1998）．
10) 立川康人・永谷　言・寶　馨：飽和不飽和流れの機構を導入した流量流積関係式の開発，水工学論文集，**48**, pp. 7-12（2004）．
11) 金丸昭治：流出を計算する場合の山腹斜面の単純化について，土木学会論文集，**73**, pp. 7-12（1960）．
12) 久保省吾：山間地小流域における流出システムの分析と同定に関する研究，京都大学修士論文（1977）．

8. 河道網構造と河道流

　流域は，山腹斜面と河道網の2つの要素によって構成される．斜面は降雨を河川への流出量に変換する場であり，河道は斜面からの流出量を合成して運搬する場である．流域の形状すなわち河道の接続形態は，河川の流量ハイドログラフの形成に働く基本的な要素である．河道の接続形態を合理的に表現し，河道の接続形態に応じて河道流を追跡することが物理的な水文モデル（physically-based hydrologic model）の骨格となる．本章では，河道網構造の数理表現手法と河道流れの追跡手法について解説する．

8.1　河　道　網　構　造

8.1.1　流域形状と流出特性

河川流域は複雑に分布する斜面と河道の集合体であり，その地形構造の骨格をなすのが河道網構造（channel network）である．河道網構造は流出の仕方に大きな影響を及ぼし，それらは一般に次のように分類される．

(a) 羽状流域：我が国において最もよく見られる流域の形態である．支川の洪水の時刻が少しずつずれるため，本川のピーク洪水流量は緩和される傾向にあるが，洪水期間は長くなる（**図8.1**(a))．北上川（東北地方），大井川（中部地方），多摩川（関東地方）がこの例である．

(b) 放射状流域：同程度の大きさの支川がほぼ同一地点に集まって急に大河川となるような流域である．支川の合流ピークが重なると合流後の本川の流量は急増する（図8.1(b))．大和川（近畿地方），江川（中国地方）がこれに属する．

(c) 平行流域：同程度の大きさの支川が平行に流れ最後に合流する流域であ

(a) 羽状流域   (b) 放射状流域   (c) 平行流域

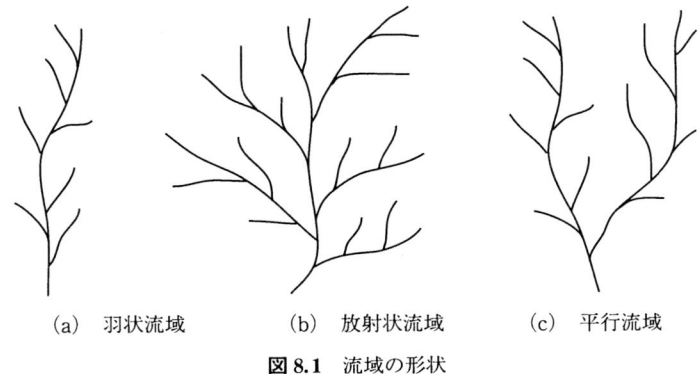

図 8.1 流域の形状

る．支川の合流ピークが重なると合流後の本川の流量は急増する（図 8.1 (c)）．信濃川の千曲川と犀川，新宮川の十津川と北山川がその例である．
(d) 複合流域：多くの河川流域は上記の河道網形状が組み合わさって構成される．

8.1.2 位数理論と地形則

河道網の形状特性を数量的に表現するために，Horton[1]は河道をある規則のもとに等級付ける方法を提案した．その後，等級付けの方法は種々提案されたが，Strahler[2]がHortonの方法を改良した手法が現在最も一般的に使われている．

Strahlerの方法は，河道を，最上流端から最初の合流点，合流点から合流点，合流点から最下流端の河道区分に分割し，次の規則によって各河道区分に等級付けを行う．
(a) 最上流端の河道区分を位数1の河道区分とする．
(b) 位数 u と位数 v の河道区分の合流によってできる河道区分の位数は，$u=v$ のとき $u+1$，$u \neq v$ のときは u, v の大きい方の値とする．

図 8.2 は河道区分に位数付けを行った例であり，流域最下端の河道区分の位数を最大位数という．この河道位数を用いて，河道の地形量に関する次の地形則が経験的に得られている．

$$河道数則 \quad N_u = R_b^{k-u}, \quad R_b = \frac{N_{u-1}}{N_u} \quad u = 2, \cdots, k$$

$$河道長則 \quad \overline{L_u} = \overline{L_1} R_l^{u-1}, \quad R_l = \frac{\overline{L_u}}{\overline{L_{u-1}}} \quad u = 2, \cdots, k$$

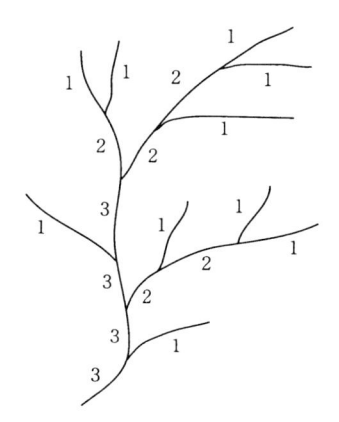

図 8.2 Horton-Strahler による河道位数の付け方

河道面積則　$\overline{A_u} = \overline{A_1} R_a^{u-1}$,　$R_a = \dfrac{\overline{A_u}}{\overline{A_{u-1}}}$　$u = 2, \cdots, k$

河道勾配則　$\overline{S_u} = \overline{S_1} R_s^{1-u}$,　$R_s = \dfrac{\overline{S_{u-1}}}{\overline{S_u}}$　$u = 2, \cdots, k$

ここで接続する同じ位数の河道区分を1つの河道区間として，N_u は位数 u の河道区間数，$\overline{L_u}, \overline{A_u}, \overline{S_u}$ はそれぞれ位数 u の河道区間の平均河道長，平均集水面積，平均河道勾配を表し，k は対象流域の最大位数である．R_b, R_L, R_a, R_s はそれぞれ分岐比，河道長比，集水面積比，河道勾配比と呼ばれ，その値は $R_b \simeq 4$，$R_l \simeq 2$，$R_a \simeq 3 \sim 6$，$R_s \simeq 2$ である．

以上の地形則は経験的に得られたものであるが，石原ら[3]は河道の形成過程のランダム性を仮定することによってこれらの理論的な導出を行うとともに，河道区分の合流に関する新たな地形則を見い出している．また，河道区分の等級付けにリンク・マグニチュードの概念[4,5]を用いて河道網の統計的特性を論じた研究として，藤田[6]，岩佐ら[7,8]の研究がある．

8.1.3　河道網の数理表現と流出システム

ある河道区分（channel segment）とそれに接続する斜面から構成される流域を単位流域（unit basin）とすると，そこでの雨水の流れは**図 8.3** のように表すことができる．対象とする単位流域の上端には，それに接続する2つの河道区分から河川流量が流入し，単位流域内の斜面からの流出を受けて，流域下端から下

8. 河道網構造と河道流

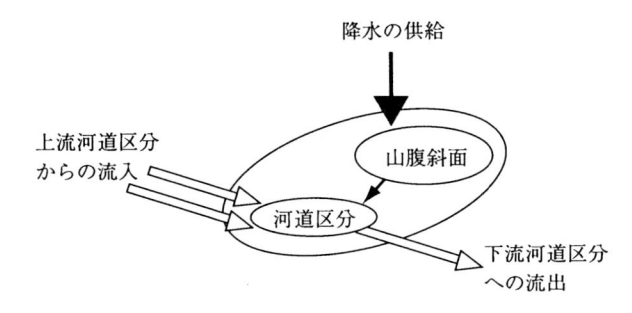

図 8.3 単位流域の雨水の流れ

(a) 河道網と河道区分の識別番号 (b) 行列による河道網構造の表現

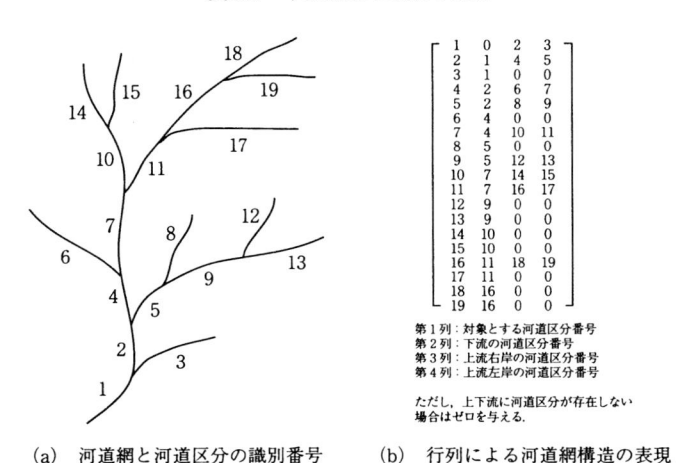

図 8.4 河道網構造の数理表現

第1列：対象とする河道区分番号
第2列：下流の河道区分番号
第3列：上流右岸の河道区分番号
第4列：上流左岸の河道区分番号

ただし，上下流に河道区分が存在しない場合はゼロを与える．

流側の単位流域に流出する．

この流出過程を上流から順に計算するためには，河道網構造（河道区分の接続関係）を数理的に表現する必要がある．図 8.4（a）は河道網の例を示している．この河道網は 19 個の河道区分から構成されている．河道区分には識別番号を与え，この例では下流から順に同じ高さの河道区分に一連の番号を付ける．この構造を表すために，椎葉[9]は図 8.4（b）のように行列形式で河道網を表すことを考えた．この接続関係をもとに，ある河道区分での流出計算を実行する前にその河道区分に流入する河道の流量系列を求めて記憶しておけば，上流から順次，河道流れを計算することにより流域下端の流出量を求めることができる．

ただし，実際に数百以上の河道区分を有する河道網の流れを追跡する場合は，

8.1 河道網構造

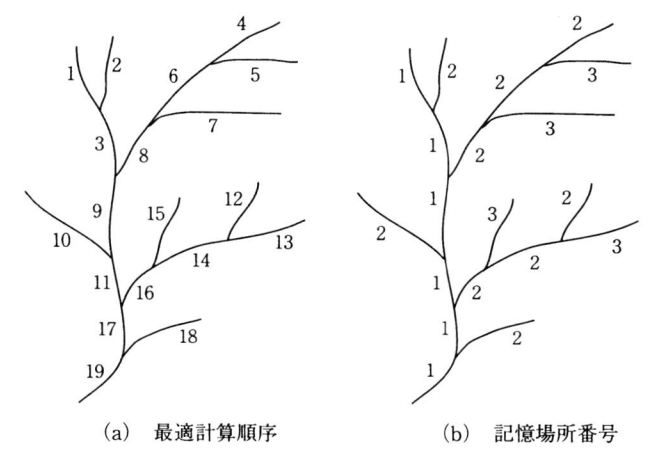

(a) 最適計算順序　　(b) 記憶場所番号

図 8.5 河道網流れの最適計算順序と記憶場所

　河道区分の計算順序によっては，膨大な量の流量系列を記憶せねばならない場合が起こりうる．ある河道区分での追跡計算を実行するためには，その河道区分よりも上流に存在する河道区分での追跡計算を終了している必要があるが，それに関連しない河道区分の計算はそのときには終了している必要はない．関連しない河道区分の流出計算を先に実行してしまうと，その河道区分を対象として計算するまでその流量系列を記憶せねばならなくなる．

　この計算順序と記憶容量に関して，高棹・椎葉[10]は使用する記憶容量が最小となるような河道区分の計算順序の決定方法を示し，1つの河道区分からの流量系列を記憶するために必要な記憶容量を1記憶単位とすると，最大位数分の記憶単位を用意しておけばよいことを証明した．

　たとえば，図 8.4 (a) に示す河道網の場合，識別番号の大きな河道区分から順に計算を進めれば，流域下端での河川流量を得ることができる．この場合に必要な流量系列の記憶単位数は4となる．一方，**図 8.5** (a) は記憶容量を最小とするような計算順序を示しており，図 8.5 (b) はその記憶場所の番号を示している．この場合，必要となる記憶単位数は3であり，この値は最大位数に等しい．この例では識別番号 14 の河道区分を1番目に計算しその計算流量系列を1番目の記憶場所に記憶する，次に 15 番の河道区分の流量系列を計算して1番目の記憶場所に記録されている識別番号 14 の流量系列を合算したものを2番目の記憶

場所に記憶する，それを識別番号10番の河道区分への流入量とすることを示している．ここで示した方法は，1つの合流点に上流から2つの河道区分が流入し1つの河道区分となって流出する2分木構造をしている場合であるが，陸ら[11]は1つの合流点に3つ以上の河道区分が流入する多分木構造の場合についても，最大位数分の記憶場所を用意しておけばよいことを見い出している．

以上，述べてきた河道追跡法は，雨水の流れを逐一河道網に沿って追跡することを考えている．この方法は雨水の集水過程を扱う基本的な方法であり，分布型流出システムの骨格をなす．一方で，位数の概念と河道網分布の統計則に基づき，高棹[12]は洪水ピーク流量およびその近傍の流量波形に注目して河道による雨水の集水過程を取り扱った．また，Rodrigues-Iturbeら[13]は，地形則をもとに地形的瞬間単位図（GIUH, geomorphologic instantaneous unit hydrograph）を提案し集水過程を扱っている．これらの研究は流域内部の河道網分布の統計的特性を利用して河道の集水過程を表現しようとするものである．

8.2　河道流れの数理モデル

河道網構造に従って雨水が流域を流下する過程をモデル化することを考えよう．河道には斜面からの流出量が供給される．その流出量を河道に沿って追跡計算し対象地点での河川流量を得ることが目的となる．河道流れを追跡する方法は以下のように分類することができる．

(a) 水文学的追跡法（hydrologic river routing）
　　－貯水池モデル（reservoir model）
　　－マスキンガム法（Muskingum method）
(b) 水理学的追跡法（hydraulic river routing）
　　－キネマティックウェーブ法（kinematic wave method）
　　－拡散波法（diffusion wave method）
　　－マスキンガム-クンジ法（Muskingum-Cunge method）
　　－ダイナミックウェーブ法（dynamic wave method）

8.2.1　貯水池モデル

ある河道区間に流入する流量を I，ある河道区間から流出する流量を Q，その

河道区間内に貯留されている水量を S とすると，連続式は

$$\frac{dS}{dt} = I(t) - Q(t) \tag{8.1}$$

となる．解くべき課題は，上流から流入してくる $I(t)$ を既知として，それがどのように変換されて $Q(t)$ となって対象区間から流出していくかを求めることである．上式では Q と S が未知であるため，この式だけでは Q を得ることはできない．そこで，S と Q, I の間の関係式

$$S = f\left(I, \frac{dI}{dt}, \frac{d^2I}{dt^2}, \cdots, Q, \frac{dQ}{dt}, \frac{d^2Q}{dt^2}, \cdots,\right) \tag{8.2}$$

を設定し，これと連続式 (8.1) を連立させて Q を得ることを考える．

貯水池において水面が水平に保たれたまま上下に変動することを仮定すると，貯水池の貯留量 S は水深の関数であり，貯水池からの流出量 Q も水深の関数となる．このとき，S は Q のみの関数となる．この最も簡単な関係式は

$$S = kQ \tag{8.3}$$

であり，式 (8.1) と式 (8.3) からなる貯水池モデルを線形貯水池モデル (linear reservoir model) とよぶ．線形貯水池モデルを用いた場合に流入量 I が流出量 Q に変換される例を図 8.6 に示す．式 (8.1) より貯留量 S が最大となるのは $dS/dt = 0$ すなわち $I = Q$ のときであり，このとき式 (8.3) より Q も最大となる．つまり，線形貯水池モデルでは Q の最大値が I のグラフ上に乗る．

線形貯水池モデルでは貯留量と流出量との間に1価の関係を仮定しているが，実際の洪水時に貯留量と流出量の値を時々刻々プロットすると，それらの関係は

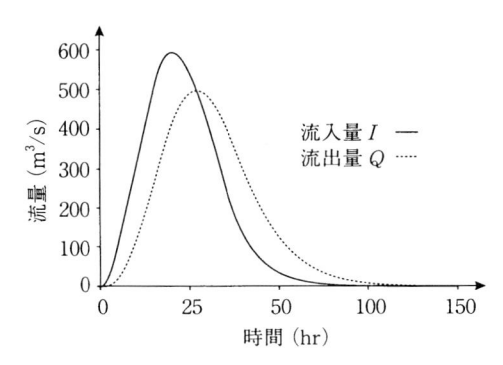

図 8.6　線形貯水池モデルにおける I, Q の変化

ループを描くことが知られている．Prasad[14]，星・山岡[15]はその2価性を表現するためにそれぞれ式 (8.4), (8.5) を提案している．

$$S = k_1 Q^{p_1} + k_2 \frac{dQ}{dt} \tag{8.4}$$

$$S = k_1 Q^{p_1} + k_2 \frac{dQ^{p_2}}{dt} \tag{8.5}$$

ここで k_1, k_2, p_1, p_2 は正の値のモデルパラメータである．これらを用いた場合，流出量の最大値は流入量のグラフ上には乗らず，それよりも後の時刻に現れる．

8.2.2 マスキンガム法

一般にある河道区間下端からの流出量はその河道区間内の貯留量だけでは決まらない．河道区間の貯留量 S は流入量 I と流出量 Q の関数となり，マスキンガム法ではこの関係を**図 8.7**のように考え

$$S = KQ + KX(I-Q) = K\{XI + (1-X)Q\} \tag{8.6}$$

として河道追跡計算を行う．X は 0～0.5 の範囲の間の値をとるパラメータであり，通常は 0～0.3 程度の値をとることが多い．

マスキンガム法による河道追跡計算は以下のように行う．時刻 j と時刻 $j+1$ における貯留量は

$$S_j = K\{XI_j + (1-X)Q_j\} \tag{8.7}$$

$$S_{j+1} = K\{XI_{j+1} + (1-X)Q_{j+1}\} \tag{8.8}$$

となる．一方，連続式 (8.1) より

$$\frac{S_{j+1} - S_j}{\Delta t} = \frac{I_j + I_{j+1}}{2} - \frac{Q_j + Q_{j+1}}{2} \tag{8.9}$$

である．式 (8.7), (8.8) を式 (8.9) に代入して S_j, S_{j+1} を消去すると

$$Q_{j+1} = C_1 I_{j+1} + C_2 I_j + C_3 Q_j \tag{8.10}$$

が得られる．この式により時刻 $j+1$ の流出量 Q を計算することができる．ここ

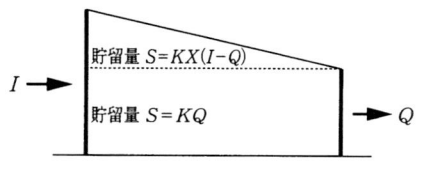

図 8.7 マスキンガム法で考える流入量，流出量，貯留量の関係

で

$$C_1 = \frac{\Delta t - 2KX}{2K(1-X) + \Delta t}$$

$$C_2 = \frac{\Delta t + 2KX}{2K(1-X) + \Delta t}$$

$$C_3 = \frac{2K(1-X) - \Delta t}{2K(1-X) + \Delta t} \tag{8.11}$$

であり $C_1 + C_2 + C_3 = 1$ である．なお，式 (8.10) を K について整理すると

$$K = \frac{\Delta t\{(I_{j+1} + I_j) - (Q_{j+1} + Q_j)\}}{2\{X(I_{j+1} - I_j) + (1-X)(Q_{j+1} - Q_j)\}} \tag{8.12}$$

となる．流入量と流出量のデータから時々刻々式 (8.12) の分子，分母を計算してグラフ化すると通常，プロットした結果はループを描く．このグラフができるだけ直線状に乗るように X を決定する．流入量と流出量のデータが得られない場合は，後述するマスキンガム-クンジ法を用いる．

8.2.3 キネマティックウェーブ法

断面平均流量 $Q(t, x)$，通水断面積を $A(t, x)$，側方流入量を $q(t)$ とし，時刻を t，計算区間上端からの距離を x，とすると連続式は

$$\frac{\partial A}{\partial t} + \frac{\partial Q}{\partial x} = q(t) \tag{8.13}$$

となる．一方，運動方程式は

$$\frac{\partial Q}{\partial t} + \frac{\partial}{\partial x}\left(\frac{Q^2}{A}\right) + gA\left(\frac{\partial h}{\partial x} + I_f - i_0\right) = 0 \tag{8.14}$$

である．ここで $h(t, x)$ は水深，i_0 は河床勾配，I_f は摩擦勾配である．勾配が急な場合は，運動方程式 (8.14) の河床勾配と摩擦勾配の項が卓越するので，それら以外の項を無視することができ

$$I_f = i_0 \tag{8.15}$$

となる．マニング式を用いると n をマニングの粗度係数，R を径深として式 (8.15) は

$$Q = \frac{\sqrt{i_0}}{n} A R^{2/3}$$

となり，一般に

$$Q = f(A) = \alpha A^m \qquad (8.16)$$

と書くことができる．式（8.13）と式（8.16）とがキネマティックウェーブモデルの基礎式である．前述した線形貯水池モデルやマスキンガム法は常微分方程式で表され，独立変数は時間 t だけであった．キネマティックウェーブモデルは偏微分方程式で表現され，独立変数は時間 t と空間 x となる．この式は斜面流れと同様であり，数値解法には7章で示したように特性曲線法と差分法（Lax-Wendroff 法とボックススキーム）がある[16〜21]．

8.2.4 マスキンガム－クンジ法

キネマティックウェーブ式において，流れの伝播速度を c とすると

$$c = \frac{dQ}{dA} = f'(A)$$

となり，側方流入量 q をゼロとすると連続式（8.13）は

$$\frac{\partial Q}{\partial t} + c\frac{\partial Q}{\partial x} = 0 \qquad (8.17)$$

と変形することができる．この式の各項を i を時間，j を空間を表す添え字として，次のように差分近似する（図 8.8 参照）．

$$\frac{\partial Q}{\partial t} \simeq X\frac{Q_j^{i+1} - Q_j^i}{\Delta t} + (1-X)\frac{Q_{j+1}^{i+1} - Q_{j+1}^i}{\Delta t} \qquad (8.18)$$

$$\frac{\partial Q}{\partial x} \simeq \frac{Q_{j+1}^i - Q_j^i}{2\Delta x} + \frac{Q_{j+1}^{i+1} - Q_j^{i+1}}{2\Delta x} \qquad (8.19)$$

式（8.18），（8.19）を式（8.17）に代入して Q_{j+1}^{i+1} について整理すると，

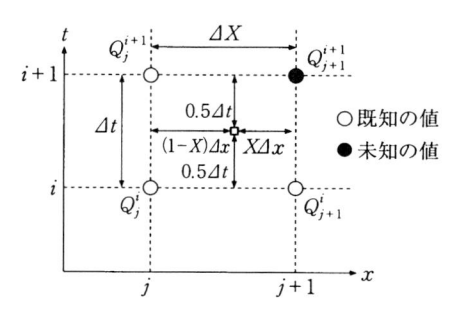

図 8.8 マスキンガム法に対応したキネマティックウェーブモデルの差分近似の方法．空間的には $(1-X):X$，時間的には $1:1$ の重みを付けて差分近似する．

8.2 河道流れの数理モデル

$$Q_{j+1}^{i+1} = C_1 Q_j^{i+1} + C_2 Q_j^i + C_3 Q_{j+1}^i \tag{8.20}$$

が得られる．ここで

$$C_1 = \frac{c\Delta t/\Delta x - 2X}{2(1-X) + c\Delta t/\Delta x}$$

$$C_2 = \frac{c\Delta t/\Delta x + 2X}{2(1-X) + c\Delta t/\Delta x}$$

$$C_3 = \frac{2(1-X) - c\Delta t/\Delta x}{2(1-X) + c\Delta t/\Delta x} \tag{8.21}$$

である．これらの式は

$$K = \Delta x/c \tag{8.22}$$

とおけばマスキンガム法の式 (8.10), (8.11) とまったく同じ式になる．

次に，もう1つの係数 X を決定することを考える．元の偏微分式 (8.17) を差分式 (8.20) で近似することによる打ち切り誤差を計算しよう．

$$L = \frac{\partial Q}{\partial t} + c\frac{\partial Q}{\partial x} \tag{8.23}$$

$$L' = X\frac{Q_j^{i+1} - Q_j^i}{\Delta t} + (1-X)\frac{Q_{j+1}^{i+1} - Q_{j+1}^i}{\Delta t} + c\left(\frac{Q_{j+1}^i - Q_j^i}{2\Delta x} + \frac{Q_{j+1}^{i+1} - Q_j^{i+1}}{2\Delta x}\right) \tag{8.24}$$

とする．式 (8.24) の右辺の各項を Q_j^i の回りに Taylor 展開し，Q_j^i とその1次時間微分項，1次空間微分項，2次時間微分項，2次空間微分項で表して，打ち切り誤差

$$\Delta L = L - L'$$

を計算すると

$$\Delta L = c\Delta x\left(\frac{1}{2} - X\right)\frac{\partial^2 Q}{\partial x^2} + O(\Delta x^2, \Delta t^2)$$

となる．$O(\Delta x^2, \Delta t^2)$ を微小とすると，差分式 (8.20) を解く，すなわち $L' = 0$ となるような近似解を求めるということは

$$\frac{\partial Q}{\partial t} + c\frac{\partial Q}{\partial x} = c\Delta x\left(\frac{1}{2} - X\right)\frac{\partial^2 Q}{\partial x^2} \tag{8.25}$$

の近似解を求めていることにほかならない．式 (8.25) の右辺は数値拡散項である．この式から，$X = 0.5$ の場合は数値拡散は起こらず，$X > 0.5$ の場合は数値拡散項が負となって数値的に不安定となることがわかる．

この数値拡散を物理的な拡散として扱うことにより，X を決定することがマ

スキンガム-クンジ法の要点である．運動方程式

$$\frac{\partial Q}{\partial t}+\frac{\partial}{\partial x}\left(\frac{Q^2}{A}\right)+gA\left(\frac{\partial h}{\partial x}-i_0+I_f\right)=0 \tag{8.26}$$

の近似式として，左辺第3項の水面勾配と河床勾配，摩擦勾配を考慮した式

$$\frac{\partial h}{\partial x}=i_0-I_f \tag{8.27}$$

は拡散波式とよばれる．この式は，Q_0 をある参照流量として

$$\frac{\partial Q}{\partial t}+c\frac{\partial Q}{\partial x}=\frac{Q_0}{2Bi_0}\frac{\partial^2 Q}{\partial x^2} \tag{8.28}$$

と近似することができる[22]．ここで B は水面での川幅である．したがって，式 (8.25)，(8.28) の右辺の係数を比較して

$$c\Delta x\left(\frac{1}{2}-X\right)=\frac{Q_0}{2Bi_0} \tag{8.29}$$

となるように X を決めれば，数値拡散を物理的な拡散として扱うことが可能となる．このとき

$$X=\frac{1}{2}\left(1-\frac{Q_0}{Bci_0\Delta x}\right) \tag{8.30}$$

となる．式 (8.22)，(8.30) を用いて決めた K, X を用いるマスキンガム法をマスキンガム-クンジ法とよぶ．この手法では，パラメータ K, X を物理的に推定することができる．

8.2.5 ダイナミックウェーブ法

これまでに述べてきた方法は，基本的には河道網の上流側から下流側に向けて順次計算を進める．しかし，低平地を流れる河川のように勾配が緩く，下流側の影響を直接考慮しなくてはならない場合は，連続式 (8.13) と式 (8.14) のすべての項を考慮する運動式からなるダイナミックウェーブモデルを用いて，下流の条件を入れながら水位・流量を計算する必要がある．ダイナミックウェーブモデルを数値的に解く手法としては，特性曲線法，有限差分法，有限要素法などがある．有限差分法としては Preissmann スキームがしばしば用いられる[23]．

河道網が複雑に接続する場合の計算は容易でないため，工夫された手法が数多く提案されている．神田ら[24] は連立1次方程式の係数行列をバンドマトリック

スに変形することで記憶容量を節約し計算時間を短縮するという手法を提案している．また Fread[25] は分合流を本川と支川からの流出入としてモデル化し，本川の流れの計算と支川の流れの計算を互いの状態量のつじつまが合うまで交互に繰り返すという手法を提案している．また市川ら[26]は，対象河道網全体の未知量からなる次元のきわめて大きな連立方程式を直接解くのではなく，河道区分や部分水系の方程式を解いてそれらの次元を小さくしてから全体の河道網に対する連立方程式を解く方法を提案している．これにより記憶容量・計算速度の点で有利な計算法を実現している．

参 考 文 献

1) Horton, R. E. : Erosional development of streams and their drainage basins; hydrophisical approach to quantitative morphology, *Bulletin of the Geological Society of America*, **56**, pp. 275-370 (1945).
2) Strahler, A. N. : Quantitative geomorphology of drainage basins and channel networks, in *Handbook of Applied Hydrology*, ed. Chow, V. T., McGraw-Hill, pp. 43-61 (1964).
3) 石原藤次郎・高棹琢馬・瀬能邦雄：河道配列の統計則に関する基礎的研究，京都大学防災研究所年報，**12**, pp. 345-365 (1969).
4) Shreve, R. L. : Statistical law of stream numbers, *Journal of Geology*, **74**, pp. 17-37 (1966).
5) Shreve, R. L. : Infinitetopologically random channel network, *Journal of Geology*, **75**, pp. 178-186 (1967).
6) 藤田睦博：河道網における支流の分布特性に関する研究，土木学会論文報告集，**246**, pp. 35-45 (1976).
7) 岩佐義朗・小林信久：マグニチュード理論による河道網の連結構造に関する統計則と指標，土木学会論文報告集，**273**, pp. 35-46 (1978).
8) 岩佐義朗・小林信久：マグニチュードに基づく流域地形則およびその位数理論との関連性，土木学会論文報告集，**273**, pp. 47-58 (1978).
9) 椎葉充晴：流出系のモデル化と予測に関する基礎的研究，京都大学学位論文, pp. 50-67 (1983).
10) 高棹琢馬・椎葉充晴：河川流域の地形構造を考慮した河川流況の出水解析法に関する研究，土木学会論文報告集，**248**, pp. 69-82 (1976).
11) 陸　旻皎・早川典生・小池俊雄：河道網構造に基づく最適追跡順番の決定法，土

木学会論文報告集, **473**/II-24, pp. 1-6 (1993).
12) 金丸昭治・高棹琢馬：水文学, 朝倉書店, pp. 149-178 (1975).
13) Rodrigues-Iturbe, I.: The geomorphological unit hydrograph, *Channel Network Hydrology*, (*ed.*) K. Beven and M. J. Kirkby, Chap. 3, John Wiley & Sons, pp. 43-68 (1993).
14) Prasad, R. A.: A nonlinear hydrologic system response model, *Journal of Hydraulic Division, Proc. of ASCE*, **93**, HY4, pp. 201-221 (1967).
15) 星 清・山岡 勲：雨水流法と貯留関数法との相互関係, 土木学会第 26 回水理講演会論文集, pp. 273-278 (1982).
16) 高棹琢馬・椎葉充晴：Kinematic Wave 法への集水効果の導入, 京都大学防災研究所年報, **24** (B-2), pp. 159-170 (1981).
17) Shin, V. P.: *Kinematic Wave Modeling in Water Resources*, John Wiley & Sons, pp. 901-913 (1996).
18) 立川康人：水理公式集例題プログラム集, 第 1 編例題 1-9, 土木学会, 丸善 (2002).
19) Li, R., Simons, D. B. and Stevens, M. A.: Nonlinear kinematic wave approximation for water routing, *Water Resources Research*, **11** (2), pp. 245-252 (1975).
20) Chow, V. T., Maidment D. R. and Mays L. W.: Distributed flow routing, in Chapter 9, *Applied Hydrology*, McGraw-Hill, 272-309 (1988).
21) Shin, V. P.: *Kinematic Wave Modeling in Water Resources*, John Wiley & Sons, pp. 914-924 (1996).
22) Ponce, V. M.: *Engineering Hydrology: Principles and Practice*, Prentice Hall, pp. 288-298 (1989).
23) Cunge, J. A., Holly, F. M. Jr and Verwey, A: *Practical Aspects of Computational River Hydraulics*, chapter 3, Solution techniqnes and their evaluation, pp. 53-131, Pitman Advanced Publishing Program (1980).
24) 神田 徹・辻 貴之：低平地河川網における洪水流の特性とその制御, 建設工学研究所報告, pp. 105-132 (1979).
25) Fread, D. L.: Technique for implicit dynamic routing in rivers with Tributaries, *Water Resources Res.*, **9** (4), pp. 918-926 (1973).
26) 市川 温・村上将道・立川康人・椎葉充晴：グリッドをベースとした河道網系 dynamic wave モデルの構築, 水工学論文集, **42**, pp. 139-144 (1998).

9. 流出モデル

　工学分野における水文学の大きな目的は，水工構造物を設計する際の基本資料を提供すること，つまり洪水や渇水の発生の仕方や規模を事前に予測すること，流域環境や気候の変化に伴う水循環の変化を事前に評価すること，また実時間で水文量を予測することにある．そのためには水文素過程を総合し，流域の水循環を再現・予測する数理モデルが必要となる．その数理モデルを流出モデルとよぶ．本章では，前章までに展開してきた水文素過程を要素とする分布型物理流出モデルを中心に解説する．実用上用いられている代表的な流出モデルは付録Cに示す．

9.1　流出モデルの目的

　流出モデルの目的は，洪水や渇水を予測すること，流域環境や気候の変化に伴う水循環の変化を予測することにある．具体的には以下のような目的が考えられる．

（1）河川計画や水工構造物の設計のための河川流量の予測

　洪水による災害を軽減・防止するためには，水工構造物（堤防，遊水地，ダムなど）の設置・強化を考え，その適切な規模や位置をデザインして安全な流域を形成する必要がある．その計画・設計のための基本的な数値として，想定する豪雨，たとえば100年に1回程度の割合で発生すると予想される豪雨に対する河川流量を予測する．

（2）実時間での河川流量の予測

　洪水に関する予警報の発令やダムなどの水工施設を効率よく稼働させるためには実時間での河川流量の予測値が必要となる．そのために，数時間先までの河川

流量を時々刻々予測する．
(3) 水資源予測（長期の流況予測）

　河川水は農業用水，工業用水，都市用水など，水利用の主要な水源となっている．流域環境の変化や気候変動に伴って水資源がどのように変化するか，また河川からどの程度の水量を期待することができるかを予測する．

(4) 環境変化に伴う水循環の変化予測

　流域環境の変化や社会状況の変化，気候変動によって水循環は大きく変化すると考えられる．それらの変化による水循環の変化の仕方を予測する．

(5) 水文観測が十分でない流域の水循環予測

　洪水や水資源の予測のためには水文観測が必須となる．しかし，地域によっては十分な水文観測がなされておらず，今後ともその実施が難しい地域が存在する．それらの地域での水文予測のために流出モデルを用いる．

(6) 現象のより深い理解のための流出モデル

　水文観測は流域での水移動・物質移動のある限られた様相をとらえているに過ぎず，観測値だけで流出現象を理解することはできない．現象をよりよく理解するためには観測値とともに流域内の水や物質の循環過程を説明するモデルが必要となる．

9.2　分布型流出モデルの構成

　地形や土地利用などの地理情報の数値化やそれらの数値情報を処理する地理情報システムがめざましく発展している．同時にレーダ雨量計をはじめとする水文量の時空間観測システムの整備が進んでいる．これらの技術開発と水文素過程に関する観測・モデル化，また流域情報をできるだけモデルに反映させようとする分布型流出モデル構築の構想とが結びつき，流域の状況に即応して水循環を再現し予測しようとする分布型流出モデルの開発が大きく発展している．こうした取組みは水量のみならず，土砂動態や物質循環を再現・予測しようとする分野でも積極的に行われている．対象とする流域規模も水文試験地レベルから大陸規模の河川流域にまで広がっている．

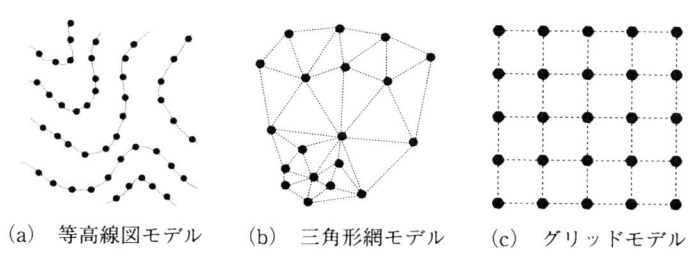

(a) 等高線図モデル　　(b) 三角形網モデル　　(c) グリッドモデル

図 9.1 流域地形の数値表現手法

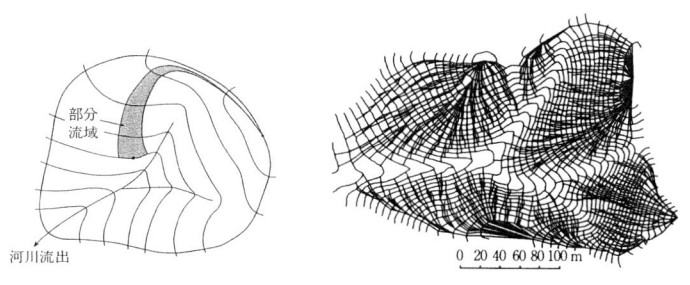

図 9.2 等高線図モデルを用いた最急勾配線の自動生成と斜面分割．左図は斜面分割を模式的に示したものであり，右図は計算機により自動的に最急勾配線を求めた例[2]．

9.2.1 流域地形の数理表現と分布型流出モデル

雨水や物質の流動を実際の流域特性に対応してモデル化する場合，流域地形を実際に近い形でモデル化することが出発点となる．流域地形を電子計算機上で表現する場合，地形はある規則に従って離散的に取得される標高値の集まりで表される．その表現方法を数値地形モデル（DEM：digital elevation model）とよぶ．DEM は流域地形をどのような形式で表現するかによって**図 9.1** に示すように，

- 等高線図モデル
- 三角形網モデル
- グリッド（格子）モデル

に分類することができる[1]．流域地形を適切に表現することが分布型流出モデルの基本となるため，これらの地形表現手法を基礎とした流域場のモデルが数多く提案されている．

等高線図モデルによる方法（**図 9.2**）は，地形図の等高線に沿った点での標高を記録し，地形を表現する方法である．等高線をもとに雨水の流れ方向（最急勾

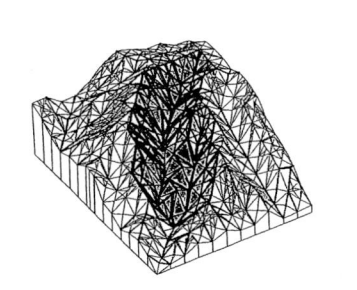

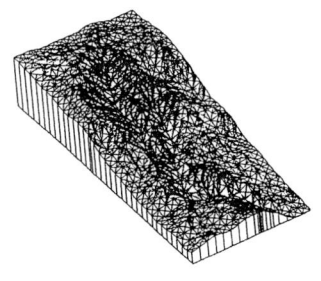

図 9.3 三角形網による流域地形の表現[1]

配方向）を決定し，それによって斜面を分割するなど，従来，紙の地図上で行っていた作業を電子計算機上で効率的に行うことが可能となった．水文学的に重要な利点をもつ表現手法であり，小流域を対象として詳細な地形解析とモデル構築が行われている[2,3]．

三角形網モデルによる方法は，地表面を三角形網で覆い，その頂点の標高によって地形を表現する方法である．三角形の覆い方は任意であり複雑な地形形状をしている部分では三角形網を密に設定するなど，頂点のサンプリング密度を空間的に変化させることができる．また，山頂・峠・河道・尾根上の点などを頂点として選ぶことによって河川・流域界を三角形要素の辺として表し，流域を面と線で表現することができ，流域地形に即して地形を表現しうる利点をもつ．また，流れ方向（最急勾配方向）を簡単に計算することができる．立川ら[1,4]は三角形網間での雨水の授受を取り扱うことができるような形で三角形網を形成し（**図 9.3**），それをもとにした分布型流出モデルを提案している．

グリッドモデルによる方法は，縦横に区切った格子上の標高を用いて地形を表現する方法である．国土数値情報など一般に利用できるデータはこの形式で整備されることが多い．格子点は平面座標上で規則的に配置されているため行列形式で扱うことができ，電子計算機による処理が容易という利点がある．この形式の標高データを利用して雨水の流れ方向を1次元的に決定し，雨水の流れを計算する分布型流出モデルが陸ら[5]，児島ら[6,7]，市川ら[8]をはじめとして数多く提案されている．また，グリッドモデルを3次元の差分格子と考える流域一体型の3次元水文モデルが実現している．

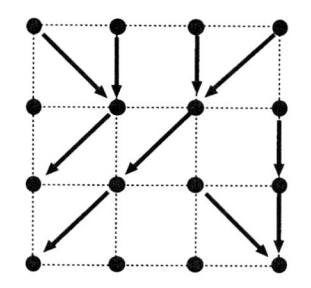

図 9.4 グリッドモデルから生成される落水線網

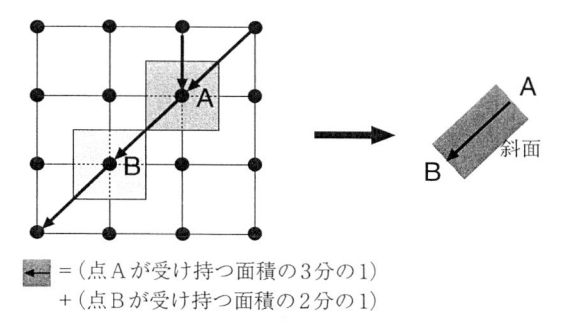

= (点 A が受け持つ面積の 3 分の 1)
+ (点 B が受け持つ面積の 2 分の 1)

図 9.5 落水線を基にした斜面要素のモデル化[9]

9.2.2 グリッドモデルを用いた 1 次元分布型流出モデル

　グリッドモデルを用いた 1 次元分布型流出モデルの基本的な考え方は落水線網の作成にある．ある格子点に着目しそれに隣接する周り 8 点の格子点の中で最も勾配が急になる格子点を下流側直下の格子点とする．この作業をすべての格子点で行うことにより，図 9.4 に示すような落水線網を生成することができる．雨水はこの流れ方向に従って流れると考える．

　椎葉ら[9]はこの落水線をもとに図 9.5 のように斜面要素をモデル化した．頂点 AB を結ぶ斜面要素を例にとると，頂点 A に 3 本，頂点 B に 2 本の落水線が接続している．そこで，この斜面要素の面積を，頂点 A の代表する面積の 3 分の 1，頂点 B の代表する面積の 2 分の 1 の和と考える．斜面長は頂点 AB の水平距離とし，斜面要素の面積を斜面長で割ることで斜面幅が決まる．流域はこのように決定した矩形の斜面要素の集合体と考える．図 9.6 はこの地形表現手法を利用し 250 m 間隔のグリッド型の標高データを用いて作成した兵庫県の円山川流域の流域モデルである．図 9.7 はその拡大図の一部を示している．この流域モデルによっ

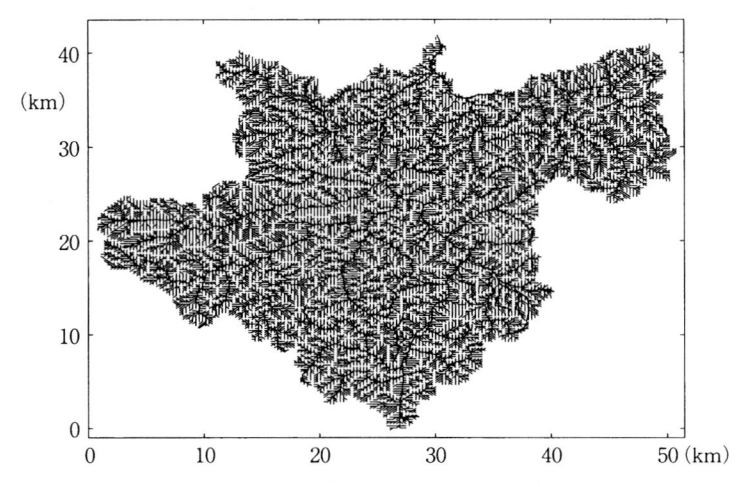

図 9.6 グリッドモデルから作成した円山川流域を対象とする流域モデル

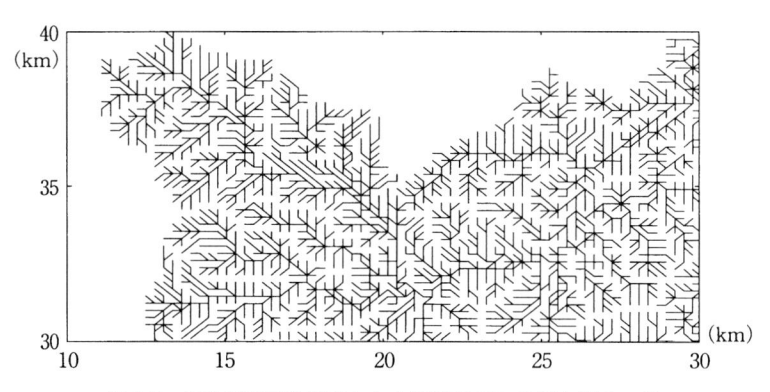

図 9.7 円山川流域を対象とした流域モデルの拡大図の一部

て構成される矩形の斜面要素での流れを第7章で解説したキネマティックウェーブモデルを用いて追跡し,空間分布する降水量に対応して洪水を予測する.こうした形式のモデルは水量だけでなく土砂や物質の移動を対象とするモデルにも応用されている[10~12].

9.2.3 グリッドモデルを用いた流域一体型3次元流出モデル

流出モデルの基本的な構成法は,流域をいくつかの構成要素に分割してそこでの水文過程をモデル化し,それらを空間的に結合することによって全体の水循環

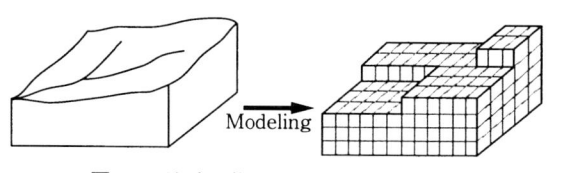

図 9.8 流域一体型の3次元水文モデル

を表現する方法である．前項で示した分布型モデルや付録Cに示す流出モデルはすべてこの形式をとる．この形式のモデル構成法では，流域界によって定まる水文学的な分割流域を1つの計算単位とし，基本的にはそれらを1次元的に結合することで全体の流れを追跡する．分割流域に適用する流出モデルとしては，キネマティックウェーブ モデルをはじめとして，付録Cに示す貯留関数法やタンクモデルなどの集中型モデルを目的に応じて使用する．計算方法としては通常，シミュレーション期間のすべての計算を上流の分割流域から行い，その結果をそれに接続する下流の分割流域の境界条件として与え，順次最下流の分割流域まで計算する方法をとる．

こうした流域分割・結合型モデルによる流出計算法は，電子計算機の利用以前から考えられてきた伝統的な方法であるが，これとは別に，最初から電子計算機の利用を意識したモデル構築の構想が Freeze and Harlan[13] によって示された．彼らが構想したモデルの概念図を**図 9.8**に示す．この構想では，流域分割は水文学的な流域単位としてなされるのではなく計算上の空間的な3次元格子として分割され，初期・境界条件のもとに質量保存則・運動量保存則からなる偏微分方程式を解くことによって，水の移動が流域一体となって計算される．

この構想を実現したモデルとして SHE（Systeme Hydrologique Europeen）モデル[14]がある．SHEモデルでは降雨から流出に至る地表面過程・地表面流・地中流・地下水流・河川流を担当するサブモデルの結合体として全体モデルが構成され，2次元あるいは3次元的に雨水の移動が計算される．それぞれのサブモデルが関連する状態量を互いに参照しながら計算を進めていく．計算方法としては，計算ステップごとに流域全体の水移動が一体として一度に計算され，順次時間更新していくという形になる．この形式のモデルは我が国でも開発・適用され，都市河川流域を対象とした総合的な水・熱循環解析モデルとしての応用が試みられている[15]．

9.3 陸面水文過程モデル

地表面での水・熱エネルギーフラックスの推定の精度が気象予測シミュレーションに非常に大きな影響を与えることが指摘されるようになり,大気大循環モデルやメソ気象モデルの最下層を受けもつモデルとして陸面過程モデルが盛んに研究されるようになっている.このモデルは**図9.9**に示すような鉛直1次元方向の大気-植生-土壌間の水と熱エネルギーの移動を表現するモデルであり,SVAT (soil vegetation atomosphere transfar scheme) とよばれる.

代表的な陸面過程モデルとしてSiB (simple biosphere model)[16,17]がある.このモデルでは植生を2層で表現し,樹木に覆われた樹木層(上層)と草地あるいは裸地で構成される地表層(下層)を考える.地表面下の土壌層は3層からなると考え,第1層は土壌水分の日変化が大きい数cm程度の層,第2層は樹木および草からの蒸散により土壌水分が変化する層,第3層は樹木の蒸散により土壌水分が変化する層を表す.これらの各層での温度と水分量を未知量とする熱収支式と水収支式とを連立させて,潜熱輸送量,顕熱輸送量を求める.モデルの概要を**図9.10**に示す.

熱収支式は,樹木層の温度を T_c,地表層の温度を T_g,地中の温度を T_d とし

$$C_c \frac{dT_c}{dt} = R_{n,c} - H_c - \lambda E_c \tag{9.1}$$

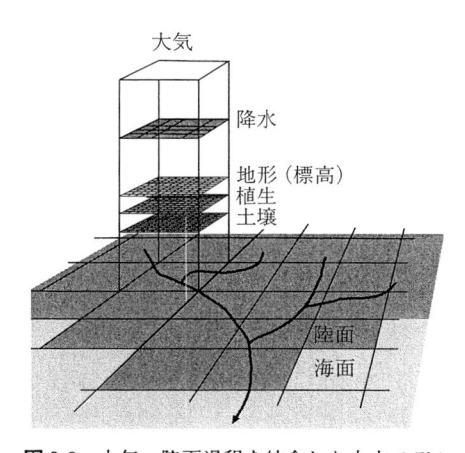

図9.9 大気,陸面過程を結合した水文モデル

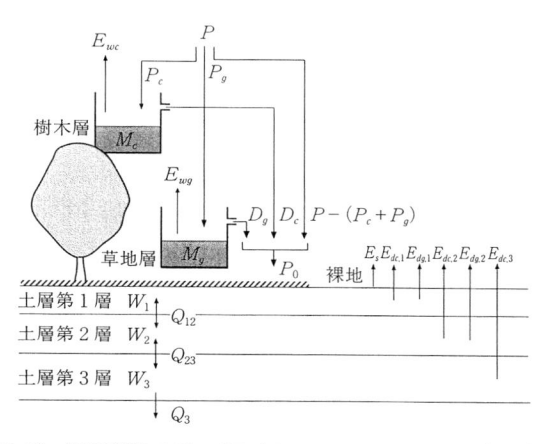

図 9.10 陸面過程モデル SiB (simple biosphere model) の概要

$$C_g \frac{dT_g}{dt} = R_{n,g} - H_g - \lambda E_g - \omega C_g (T_g - T_d) \tag{9.2}$$

$$C_d \frac{dT_d}{dt} = \omega C_g (T_g - T_d) \tag{9.3}$$

とする．C は熱容量，R_n, H, λE はそれぞれ純放射量，顕熱輸送量，潜熱輸送量を表し，各変数の添え字 c, g, d は樹木層，地表層，地中の値であることを示す．式 (9.2), (9.3) は強制復元法によって表現される地表面温度，地中温度の表現式であり，式 (9.2) の右辺第 4 項は地中温度が地表面温度よりも高い場合に熱エネルギーが地中から地表に供給されることを表す．強制復元法に関しては付録 B を参照されたい．

一方，水収支式は，樹木層，地表の草地層での遮断降水量を M_c, M_g として

$$\frac{dM_c}{dt} = P_c - D_c - E_{wc}/\rho \tag{9.4}$$

$$\frac{dM_g}{dt} = P_g - D_g - E_{wg}/\rho \tag{9.5}$$

と表現される．P_c, D_c, E_{wc} はそれぞれ樹木層に供給される降水量，樹木層から地表層への流下量，樹木層の湿った葉面からの蒸発量を表し，各変数の添え字が g の場合は草地層に関する値であることを示す．ρ は水の密度を表す．また，土壌 3 層の水分量 (含水率) を W_1, W_2, W_3 とすると

$$\frac{dW_1}{dt} = \frac{1}{\theta_s D_1} \left\{ P_1 - Q_{1,2} - \frac{1}{\rho}(E_s + E_{dc,1} + E_{dg,1}) \right\} \tag{9.6}$$

$$\frac{dW_2}{dt} = \frac{1}{\theta_s D_2}\left\{Q_{1,2} - Q_{2,3} - \frac{1}{\rho}(E_{dc,2} + E_{dg,2})\right\} \tag{9.7}$$

$$\frac{dW_3}{dt} = \frac{1}{\theta_s D_3}\left(Q_{2,3} - Q_3 - \frac{1}{\rho}E_{dc,3}\right) \tag{9.8}$$

である．θ_s は土壌層の空隙率，D_1, D_2, D_3 は各土層の層厚，P_1 は第1層への雨水の供給量，$Q_{1,2}$, $Q_{2,3}$ は上層から下層（それぞれ1層から2層，2層から3層）への土壌水分の移動量，Q_3 は対象領域から外部への流出量，E_s は裸地面からの蒸発量，E_{dc}, E_{dg} はそれぞれ樹木層，表層の草地からの蒸散量を表す．ここで，降水量を P，地表層に供給される降水量を P_0 とすると

$$P_0 = P - (P_c + P_g) + (D_c + D_g)$$

であり，P_1 は表層の浸透能を K_s として

$$P_1 = \min(P_0, K_s)$$

とモデル化される．式（9.1）から式（9.8）の右辺の H, E, P, D, Q の各項は，温度 T と水分量 M, W の関数として表すことができる．これらの連立常微分方程式を解いて，温度と水分量の値を求める．

陸面水文過程モデルは，都市域を含む領域への拡張[18]，光合成による植生の二酸化炭素の吸収の効果の導入[19]や東南アジア域で支配的な水田の効果の導入[20,21]など，様々な改良が続けられている．また，次節で示すように，大河川の河道流モデルと組み合わせて，大陸規模河川での水循環が再現・予測できるようになってきている．

9.4 大河川流域への展開

流出モデルは，従来の流域規模をはるかに上回る大陸規模河川も対象とするようになっている．全地球規模で整備されている標高データや衛星リモートセンシングデータによって作成された土地被覆データを用いて流出モデルを構成し，気象予測モデルによる降水量や蒸発散量を流出モデルへの入力として大河川流域の河川流量を再現する研究や，陸面過程モデルによって計算された流出量を河道流追跡モデルを介して任意の地点での河川流量に変換し水資源予測や洪水予測に利用する研究が盛んに行われている[22,23]．

図 **9.11** は中国淮河流域（111,000 km^2）を対象に作成した10分グリッド分解

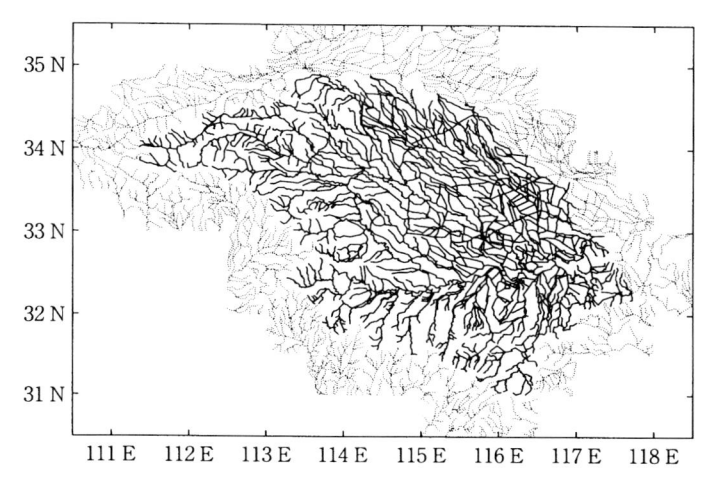

図 9.11 中国淮河流域の河道網．実線が対象流域内（111,000 km²）の河道網を表す．

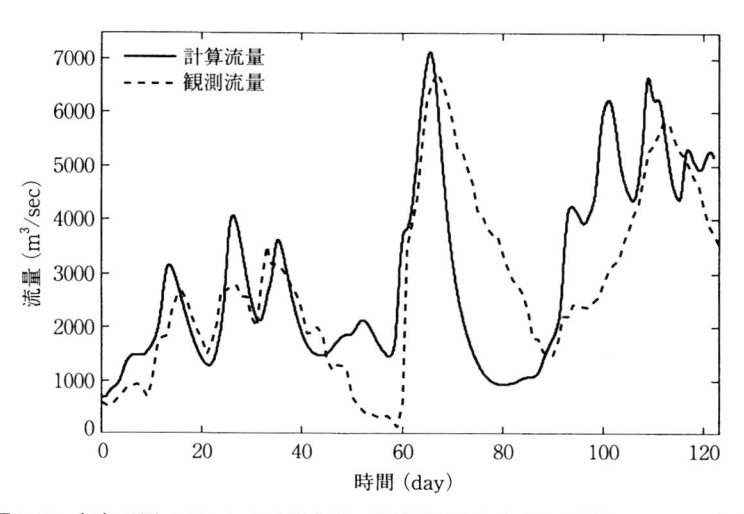

図 9.12 気象予測モデルによる降水量・蒸発散量を入力とした淮河 Bengbu 地点（111,000 km²）の河川流量の再現結果（1998年5月1日〜8月31日）

能の流出モデルの河道網を示している[24]．**図 9.12** は，全球を対象とする気象予測システムによって計算された1.25度分解能の降水量・蒸発散量をこのモデルへの入力データとし1998年5月1日から8月31日までの河川流量を再現した結果である[25,26]．流量の変動を適切にとらえており，地球上のあらゆる河川流域での流量予測の可能性を示している．

9.5 流出モデルの課題と今後の展開

流出モデルは，流域空間情報を取り込んだ物理的分布型モデルへ，さらに対象スケールも地球規模へと広がってきている．ただし，いくつかの重要な課題が未解決のまま残されている[27]．その主要なものを以下に挙げる．

9.5.1 スケールに関する問題

ある現象をモデル化する場合，モデルの基本構成要素の大きさをどのように決定するかが重要な問題となる．たとえば洪水流出モデルを構成する場合，流域をどのような大きさで分割するかが高棹[28]による基準面積・基準時間の指摘以来，長年の未解決の問題となっている．詳細な地形データやレーダ雨量データが得られるようになった現在，入力データやモデルの分解能をどのように設定すれば合理的なモデルとなるかは，モデルを構成する上で基本的な問題である．これらは，流出モデルの集中化に関する問題としてこれまでも様々な取組みがなされてきた（文献6)，29)～34) など）が，構成要素のサイズを決定する指針や手法はまだ得られていない．

対象流域が広がり，水循環予測モデルと気象予測モデルとの連携・結合を考える必要が出てきたことで，この面からもスケールの問題が大きくクローズアップされている．大河川流域を対象とする場合の単位流域や気象モデルの1つの計算格子に対応するスケール（たとえば1度グリッド）では，地形・土地被覆・土壌特性など地表面状態は空間的に決して一様ではない．その不均一な場からどのように領域平均の水文量を推定し予測するかが研究の対象となっている．対象とする領域内での水文量の空間分布を考慮した集中化（集約化）の検討である（文献35～37など）．本来，空間分布している水文量を領域平均値で取り扱うことに起因する誤差構造の導出や水文量の空間分布を確率分布として扱うモデル化手法の開発などが進められている．空間スケールとともに時間スケールも同時に考慮しなければならないことにも留意する必要がある．

9.5.2 モデルパラメータに関する問題

物理的な分布型モデルは，観測流量と計算流量とが適合するようにモデルパラ

メータの値をチューニングするのではなく，モデルパラメータの値を直接観測する，あるいはモデルパラメータと関連する物理量を測定することによってモデルパラメータの値を決定することを理想とするモデルである．しかし，このようなパラメータの決定は容易ではない．最も大きな問題は，モデルパラメータの値がモデルの空間スケールに依存してしまうことである．矩形で近似した斜面上の流れをキネマティックウェーブモデルによる地表面流でモデル化することを考えると，観測された流量と雨量から同定できるのは勾配・斜面長・粗度係数からなる関数値であり，粗度係数の値を斜面長や勾配と独立して得ることはできない．つまり，考える場のサイズや形状に流れのモデルパラメータである粗度係数の値が依存してしまう[29]．

図9.5に示すような落水線型の分布型流出モデルを用いた場合，空間分解能を変えると流出計算結果が異なること，あるいは空間分解能に応じて粗度係数の値を変更せねばならないことが数多く報告されている．図9.8のような流域一体型のSHEモデル[14]も格子間隔を変更すると計算結果が大きく変わることが示されている．これらは基本的には上述の事情による．

また，モデルのスケールと観測のスケールとが異なることが，観測値からモデルパラメータを物理的に決定することを難しくしている．物理的なモデルを用いて洪水流出をモデル化する場合，土壌層内の流れをダルシー則で表現すると，そのモデルパラメータとして透水係数の値を必要とする．このとき，観測流量に合うようにモデルパラメータを決定すると，透水係数の値は現地の土壌サンプルによって得られる値の1桁から2桁程度大きな値となることをしばしば経験する．

洪水時には土層中の大空隙を高速に流れる雨水が大量に発生するため，これらを再現するためにモデルの平均的な透水係数は大きな値をとることになると理解されるが，このような斜面スケールでの平均的な透水係数を土壌サンプルから得ることはできない．モデルで用いられる透水係数は斜面全体を代表する透水係数であり空隙での早い流れの効果も含めたそれであるが，現地観測で得られる透水係数は斜面よりもはるかに小さなスケールでのそれである．

物理的基礎をもつモデルが成功するためには，適切なモデルのスケールをどのように設定するか，それに合わせてモデルパラメータの値をいかにチューニングせずに決定するかが鍵となる[38]．

9.5.3 予測の不確かさの評価

予測の不確かさを合わせて示すことによって予測値は意味をもつ．これまで，計算された河川流量がいかに観測流量をよく再現するかという観点でモデルの性能が評価されてきたが，どの程度予測の不確かさが減少したかという観点からの評価は十分には行われてこなかった．

河川流量の予測値には，入力となる降水量の見積もりに起因する不確かさ，流出モデルの構造が不十分であることに起因する不確かさ，モデルパラメータの値の不確かさ，モデルに設定する初期条件・境界条件の不確かさなどが影響している．しかし，これらの不確かさを数値的に示し，それらの不確かさがどのように伝播して流量予測値の不確かさとなって現れるかはほとんど評価されていない．

これらの不確かさが数値として明らかになることによって，我々はその予測に対してどのように対処すべきかを判断することが可能となる．モデルも不確かさの少なさを評価基準として選択することができるようになる[39]．また，不確かさが何にどの程度起因しているかを知ることができれば，予測精度を向上させるために何を第1に実行すればよいかが明らかになる．水文観測が不十分な流域での水文予測（predictions in ungauged basins）を実現するために，予測の不確かさを定量化して予測精度の向上に結びつけようという研究が世界的に行われている[40]．

9.5.4 人間活動による流水制御・水利用の影響を取り入れた水循環予測システム

従来，流出モデルは，自然現象をいかによく再現できるかに重点をおいて開発が進められてきたが，自然現象の再現だけでは不十分である．人間が多く住居する流域では，河川流量はもはや自然状態での値とはいえず，農業取水や上下水道，その他多くの水工施設によって制御された結果である．このような流水制御の効果を陽に取り込んだモデルでなければ，人間が住む地域の水循環を再現することはできないし，将来の水循環を予測することもできない．水工施設が設置されその治水効果や利水効果が発揮されている流域を対象とするならば，ダムなどの効果をモデル内に陽に取り込む必要があるし[41]，農業灌漑が水循環に大きく影響している流域であれば，農業取水を考慮したモデル[42,43]でなければならない．治水計画・利水計画を考える場合も，人間活動の影響を陽に取り入れた流出モデ

ルを構築し，それを基本として水循環の実態に則して考えていく必要があろう．

今後，地球上の人口がさらに増加し水災害や水資源の問題はますます深刻になってくるであろう．また多くの人間が居住しているにもかかわらず水資源の現況把握や将来予測が十分にできない流域は存在し続けるであろう．これらに対処するために，観測が不十分な地域においても適用可能な物理水文モデルの開発を急ぐ必要がある．

全球を対象とする気象予測モデルや衛星リモートセンシング技術の発展により，気象に関する諸量の予測値や推定値が存在しない地域は地球上になくなっている．空間分解能に関しても，広域の粗い分解能の気象モデルで得られた推定値を境界条件として，ネスティング技術によりさらに細かい空間分解能の気象予測モデルでのシミュレーション値が得られるようになっている．こうした気象予測技術・リモートセンシング技術の発展と物理水文モデルとの連携・結合により，地球上のあらゆる地域での洪水予測・水資源予測が近い将来，実現するであろう．

参 考 文 献

1) 立川康人・椎葉充晴・高棹琢馬：三角形要素網による流域地形の数理表現に関する研究，土木学会論文集，**558**/II-38, pp. 45-60 (1997).
2) O'Loughlin, E. M. : Prediction of Surface Saturation Zones in Natural Catchments by Topographic Analysis, *Water Resources Research*, **22** (5), pp. 794-804 (1986).
3) Moore, I. D. and Grayson, R. B. : Terrain-based catchment partitioning and runoff prediction using vector elevation data, *Water Resources Research*, **27** (6), pp. 1177-1191 (1991).
4) 立川康人・原口 明・椎葉充晴・高棹琢馬：流域地形の三角形要素網表現に基づく分布型降雨流出モデルの開発，土木学会論文集，**565**/II-39, pp. 1-10 (1997).
5) 陸 旻皎・小池俊雄・早川典生：分布型水文情報に対応する流出モデルの開発，土木学会論文報告集，**411**/II-12, pp. 135-142 (1989).
6) 児島利治・寶 馨・岡 太郎・千歳知礼：ラスター型空間情報の分解能が洪水流出結果に及ぼす影響について，水工学論文集，**42**, pp. 157-162 (1998).
7) 児島利治・寶 馨・立川康人：分布モデルを中心とする洪水流出解析手法の高度化に関する研究，河川技術論文集，**8**, pp. 437-442 (2002).
8) 市川 温・村上将道・立川康人・椎葉充晴：流域地形の新たな数理表現形式に基づく流域流出系シミュレーションシステムの開発，土木学会論文集，**691**/II-57,

pp. 43-52 (2001).
9) 椎葉充晴・市川　温・榊原哲由・立川康人：河川流域地形の新しい数理表現形式, 土木学会論文集, **621**/II-47, pp. 1-9 (1999).
10) 砂田憲吾・長谷川　登：国土数値情報に基づく山地河川水系全体における土砂動態のモデル化の試み, 土木学会論文集, **485**/II-26, pp. 37-44 (1994).
11) 朴　珍赫・小尻利治・友杉邦雄：流域環境評価のためのGISベース分布型流出モデルの展開, 水文・水資源学会誌, **16** (5), pp. 541-555 (2003).
12) 佐山敬洋・寶　馨：斜面侵食を対象とする分布型土砂流出モデル, 土木学会論文集, **726**/II-62, pp. 1-9 (2003).
13) Freeze, R. A. and Harlan, R. L.: Buleprint for a Physically-Based Digitally-Simulated Hydrologic Response Model. *Journal of Hydrology*. **9**, pp. 237-258 (1969).
14) Abbott, M. B., Bathurst J. C., Cunge J. A., O'Connell P. E., and Rasmussen J.: An Introduction to the European Hydrological System-Systeme Hydrologique Europeen, SHE, 1: History and Philosophy of a Physically-Based Distributed Modelling System, *Journal of Hydrology*, **87**, pp. 45-59 (1986).
15) 賈　仰文・倪　广恒・木内　豪・吉谷純一・河原能久・末次忠司：分布型モデルを用いた都市河川流域における流出抑制施設の効果の比較, 水工学論文集, **45**, pp. 109-114 (2001).
16) Sellers, P. J., Mintz, Y., Sud, Y. C., and Dalcher, A.: A Simple Biosphere Model (SiB) for Use within General Circulation Models, *Journal of Atmospheric Sciences*, **43** (6), pp. 505-531 (1986).
17) 佐藤信夫・里田　弘：生物圏と大気圏の相互作用, 気象庁数値予報課報告「力学的長期予報をめざして」第一章, 別冊 **35**, pp. 4-73 (1989).
18) 田中賢治・中北英一・池淵周一：琵琶湖プロジェクトの陸面過程モデリング, 水工学論文集, **42**, pp. 79-84 (1998).
19) Sellers, P. J., Randall D. A., Collatz G. J., Berry J. A., Field C. B., Dazlich D. A., Zhang C., Collello G. D. and Bounoua L.: A revised land surface parameterization (SiB2) for atmospheric GCMs. Part I: Model Formulation. *Journal of Climate*, **9**, 676-705 (1996).
20) 新井崇之・金　元植・沖　大幹・虫明功臣：熱帯水田への SiB_2 の適用と水田スキームの導入, 水工学論文集, **44**, pp. 175-180 (2000).
21) 田中賢治・石岡賢治・中北英一・池淵周一：水田・湖面における熱収支の季節変化―琵琶湖プロジェクトより―, 京都大学防災研究所年報, **44** (B-2), pp. 427-443 (2001).

22) 沖　大幹・西村照幸・ポールディルマイヤー：グローバルな河川流路網情報（TRIP）を利用した年流量による地表面数値モデルの検証について，水文・水資源学会誌，**10**(5), pp. 416-425 (1997).
23) 平林由希子・鼎信次郎・沖　大幹：20世紀の世界陸域水文量の長期変動，水工学論文集，**49**, pp. 409-414 (2005).
24) 立川康人・宝　馨・田中賢治・水主崇之・市川　温・椎葉充晴：中国淮河流域における河川流量シミュレーション，水文・水資源学会誌，**15**(2), pp. 139-151 (2002).
25) Shrestha, R., Tachikawa, Y. and Takara, K.: Performance analysis of different meteorological data and resolutions using MaScOD hydrological model, *Hydrological Processes*, **18**, pp. 3169-3187 (2004).
26) Shrestha, R., Tachikawa, Y. and Takara, K.: Input data resolution analysis for distributed hydrological modeling, *Journal of Hydrology*, **319**, pp. 36-50 (2006).
27) 立川康人：流域水循環の数値モデルの進歩と今後の課題，土木学会2002年度（第38回）水工学に関する夏期研修会講義集，pp. 1-1〜1-22 (2002).
28) 高棹琢馬：流出機構，土木学会水理委員会夏期講習会テキスト，水工学シリーズ67-03, pp. 03-1〜03-43 (1967).
29) 高棹琢馬・椎葉充晴：Kinematic Wave法における場および定数の集中化，京都大学防災研究所年報，**21**(B2), pp. 207-217 (1978).
30) 星　清・山岡　勲：雨水流法と貯留関数法との相互関係，第26回水理講演会論文集，pp. 273-278 (1982).
31) 高棹琢馬・椎葉充晴：雨水流モデルの集中化に関する基礎的研究，京都大学防災研究所年報，**28**(B2), pp. 213-220 (1985).
32) Wood, E. F., Sivapalan, M., Beven, K., and Band, L.: Effects of Spatial Variability and Scale with Implication to Hydrologic Modeling, *Journal of Hydrology*, **102**, pp. 29-47 (1988).
33) 市川　温・小椋俊博・立川康人・椎葉充晴：数値地形情報と定常状態の仮定を用いた山腹斜面系流出モデルの集中化，水工学論文集，**43**, pp. 43-48 (1999).
34) 山田正：山地流出の非線形性に関する研究，水工学論文集，**47**, pp. 259-264 (2003).
35) 高棹琢馬・椎葉充晴・市川　温：分布型流出モデルのスケールアップ，水工学論文集，**38**, pp. 141-146 (1994).
36) 椎葉充晴：分布型流出モデルの現状と課題，京都大学防災研究所水資源研究センター研究報告，pp. 31-41 (1995).
37) 仲江川敏之・沖　大幹・虫明功臣：線形化モデルによる地表面熱フラックスの集

約化 I：領域平均地表面フラックス算定式と集約化規範の導出，水文・水資源学会誌，**11**(3)，pp. 201-209（1998）．
38) Pradhan, N. R., Tachikawa, Y. and Takara, K.: A downscaling method of topographic index distribution for matching the scales of model application and parameter identification, Hydrological Processes, in printing, **20**, pp. 1385-1405 (2006).
39) 佐山敬洋・立川康人・寶 馨：流出モデルの不確実性評価手法とそのモデル選択への適用，土木学会論文集，**789**/II-71, pp. 1-13（2005）．
40) Sivapalan, M., Takeuchi, K. *et al.*: IAHS decade on predictions in ungauged basins (PUB), 2003-2012: Shaping an exciting future for the hydrological sciences, *Hydrological Sciences Journal*, **48**(6), pp. 857-880 (2003).
41) 佐山敬洋・立川康人・寶 馨・市川 温：広域分布型流出予測システムの開発とダム群治水効果の評価，土木学会論文集，**803**/II-73, pp. 13-27（2005）．
42) 花崎直太・鼎真次郎・沖 太幹：灌漑取水の影響を考慮した全球河川流量シミュレーション，水工学論文集，**49**, pp. 403-408（2005）．
43) 萬和明・田中賢治・池淵周一：全球灌漑要求水量と降水量の相関分析，水工学論文集，**50**, pp. 535-540（2006）．

10. 降雨と洪水のリアルタイム予測

　河川流量の予測は，洪水被害を軽減し，水資源を有効に利用するためにきわめて重要である．また，予測の精度が明らかになることにより，洪水や渇水に対する対策や意志決定をより効果的に実施できる．本章では，時々刻々リアルタイムで降雨と河川流量を予測する方法について述べ，その予測情報を報知・伝達するシステムを紹介する．この分野は，レーダや人工衛星による気象・降雨観測，数値予報（numerical weather forecast）とよばれる気象力学モデルによる降雨予測の高精度化，分布型流出モデルの発展，Kalman フィルターなどの自動制御システム理論の応用，情報通信技術の発達により日進月歩である．短時間予測のみならず週間予報，季節予報などの精度の向上が期待されており，これによりさらに合理的な水管理（water resources management）が実現されることになる．

10.1 降雨予測の方法

　洪水流量のリアルタイム予測は少なくとも 2～3 時間先の河川流量を予測することを目的とする．地形が急峻で河川延長の短い我が国の流域では，洪水の到達時間が短いため，洪水流出予測に加えて，その間の降雨予測が必要である．レーダや人工衛星による雨量観測によって降雨の実況が面的に把握できるようになり，レーダによる雨量観測精度の定量的評価に関する研究が進められている．レーダ情報を用いた実時間降雨予測の方法として以下のようなものを挙げることができる．
① 運動学的手法：レーダ雨量計により得られる降雨の空間分布の移動パターンにより将来の降雨の空間分布を外挿する．
② 降雨の概念モデルによる手法：3 次元レーダを利用して物理情報を抽出

表 10.1 主な気象数値予報の概要[7]

予測モデルの種類	モデルを用いて発表する予報	予報領域と水平解像度	予報期間	実行回数
メソモデル	防災気象情報 降水短時間予報	日本周辺 10 km	18 時間	1 日 4 回
領域モデル	分布予測 時系列予測 府県天気予報	東アジア 20 km	2 日間	1 日 2 回
台風モデル	台風予報	北西太平洋台風周辺 24 km	3.5 日間	1 日 4 回
全球モデル	府県天気予報 週間天気予報	地球全体 55 km	3.5 日間 9 日間	1 日 1 回
アンサンブル週間全球モデル	週間天気予報	地球全体 110 km	9 日間	1 日 1 回
1 か月予報モデル	1 か月予報	地球全体 110 km	34 日間	週 1 回
季節予報モデル	1 か月予報 暖候期・寒候期予報	地球全体 180 km	120 日間 210 日間	月 1 回

し，水・熱収支を考慮した降雨の概念モデルと結合することにより，メソスケールでの数値予報を行う．

レーダ雨量計のデータを活用することによる運動学的な短時間降雨予測モデルとして移流モデルが提案され実用化されている（たとえば，文献 1)～5))．一方，気象力学モデルの開発も進んできており，天気予報の精度があがってきた．気象庁では，2001 年に新しいスーパーコンピュータシステム（NAPS：数値解析予報システム）が稼働しており，集中豪雨などに関する局地情報，波浪予測，台風進路予報等の精度向上が図られている[6,7]．数値予報モデルでは，現実の大気の様々な動きが物理的な数式によって記述され，コンピュータシミュレーションによって予測結果が算出されている．現在の主な数値予報モデルの概要を**表 10.1** に示す[7]．これらの予測結果は，ある距離間隔で組まれた格子上の風や気温，降水強度などの値で出力され利用できるようになっている．それらのデータを数値予報の GPV（格子点資料：grid point value）という．表中のアンサンブル予測モデルとは，観測誤差程度のばらつきをもった複数の初期値を使って，それぞれ予測計算を行い，得られた結果を統計的に処理して有効な予測情報を引き出す手法である．それぞれの予測のばらつき具合から，予報の信頼性についての情報も得られることになる．

気象庁で最も解像度の高い数値予報モデルは，水平解像度 10 km で，1 日 4 回（6 時間更新），18 時間先までを予測しているが，局地的な大雨の予測には必ずしも十分とはいえない．さらに水平解像度を細かくしてより詳細な物理現象を取り扱い精度を上げることが望まれている．

このほか，局地的な強雨等を把握するため，高解像度のレーダデータを利用した予測情報も提供されている．レーダ・アメダス解析雨量は，地上のアメダス観測所の雨量データとレーダ情報を併用したものであって，運用当初の水平解像度は 5 km 格子であったが，解析雨量が 2.5 km 格子に高分解能化されるとともに，2003 年 6 月からは解析雨量と降水短時間予報が 30 分間隔で提供されるようになった．また，2004 年 6 月からは，急速に発達する雨雲の変化や移動をとらえるために降水ナウキャスト（現況）情報の提供が開始されており，気象レーダと降水域の移動状況をもとに，1 時間先までの 10 分間ごとの，全国の 1 km メッシュの降水予測結果が提供されている．

気象台等が行う地上気象観測，高層気象観測や衛星観測などを数値予報の初期値（予測計算を開始する時刻の気温や風速などの大気の状態）として活用するため，データ同化（data assimilation）という技術が開発され，気象シミュレーションや実施間気象予測の精度向上に寄与している．

10.2 洪水流出のリアルタイム予測の方法

洪水災害の防止・軽減を目的として洪水予報がなされる．洪水予報は，豪雨出水現象が進行するさなかに，その現象をリアルタイムで観測・予測し，予報文を作成・伝達するという一連の作業からなる．洪水予測はこの洪水予報の基礎情報を与えるものであり，洪水流出のリアルタイム予測においては，

① 時々刻々得られるデータを活用すること
② それに基づき迅速に予測計算を行い予報に有用なデータを導出すること

が要点である．

10.2.1 我が国の洪水予報システム

今日の我が国の洪水予報システムでは，毎時の観測データは無線やその他のオンラインシステムにより直ちに入手できる仕組みになっている．主な河川流域で

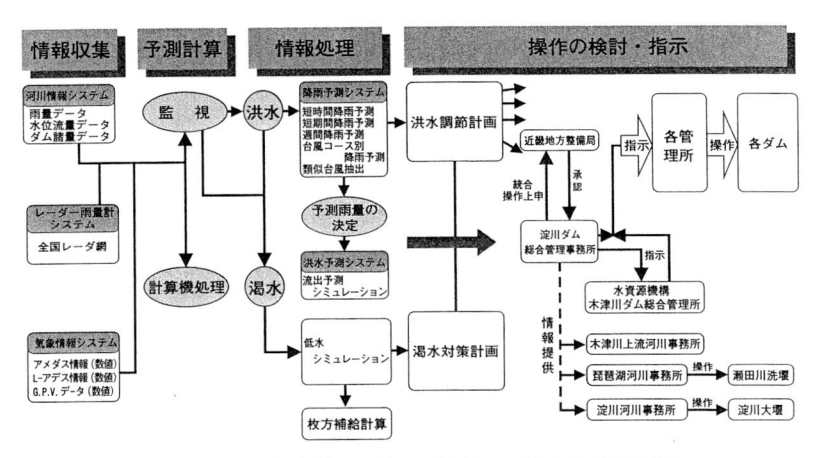

図 10.1 ダム統合管理の流れ（淀川ダム統合管理事務所）

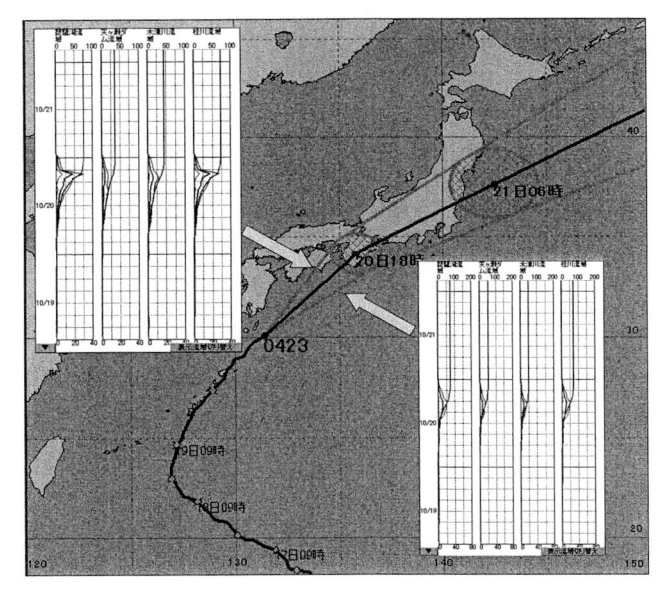

図 10.2 台風進路に基づいた降雨予測

は，高性能のコンピュータが導入されており，これらの観測データをリアルタイムで利用して迅速な洪水予測計算をすることが可能となっている．

前節で紹介したような種々の予測情報は，国の直轄管理河川の現場にオンラインで配信され，河川管理の参考に供されている．たとえば，国土交通省近畿地方

整備局淀川ダム統合管理事務所では，水系内のダム群の効率的かつ一元的な管理のために，水文情報（雨量，水位，流量），レーダ情報（深山，城ケ森山）に加え，気象情報（アメダスデータ等の実況，GPV や降水短時間予報などの予測情報）をリアルタイムで収集し，今後の降雨予測・洪水予測を行っている（図 10.1）．

淀川流域では台風による大雨が多く，また，コースによって雨量に大きな差が生じることから，台風の進路予測に基づいたこの地域独自の降雨予測システム（図 10.2）を運用している．こうした降雨予測を含む各種予測情報を，事務所に配置された気象予報士が総合的に判断して，洪水予測モデルへの入力を行うシステムとしている．

10.2.2 洪水予測の手順

洪水流出のリアルタイム予測に関する多数の手法が提案されている．特に Kalman に始まるフィルタリング・予測理論を適用する手法は多くの研究がなされ，実務にも取り入れられている．これは，日野[8]が流出系に Kalman フィルタを導入して以来，そのアルゴリズムがコンピュータを利用したオンライン計算に適していることもあって，その後 10 年ほどの間に多くの研究がなされてきたものである（たとえば，文献 9)～15）など）．

従来の洪水予報業務では，降雨予測として前 3 時間移動平均法（過去 3 時間の面積平均雨量を平均し，それを定数倍して今後数時間の予測降雨とする）が用いられてきた[16,17]．この方法は，従来の業務において特別な不都合を生じなかったこと，簡便であることなどから多用されてきたものである．当該流域の過去の時間雨量系列を用いて，この方法で生じる予測誤差系列を統計処理することにより，予測誤差の分散，リードタイムごとの予測誤差相互の共分散といった降雨予測の精度（統計的な不確定性）を定量的に求めることができる．それらの情報を降雨予測に，さらには洪水予測に取り込むと降雨予測精度を反映した洪水予測が可能になる．

洪水流出予測に用いるモデルは，降雨-流出現象の物理性を考慮したものがよい．ただし，予測システムの計算能力を考えると，極端に複雑・精密な流出モデルよりも，適切に集中化されたモデルが実用上有利である．

既存の流出モデルのほとんどは，次式のように記述することができる．

$$\frac{d}{dt}x(t) = f(x, b, r(t)) \tag{10.1}$$

$$y(t) = g(x(t), c) \tag{10.2}$$

ここに，x は状態ベクトル（貯留量など），r は入力ベクトル（降水量など），y は出力ベクトル（流出量など），b, c はパラメタベクトルである．t は時間を表し，f, g は一般に非線形のベクトル値関数である．この流出モデルを用いて，流出予測計算は，通常次のような手順で行われる．

① 採用するモデルの選定（f, g の関数形の決定）．

② モデルパラメタの決定（いわゆる定数解析；既存の雨量・流量データなどからパラメタ b, c を決める）．

③ 初期状態 $x(t_k)$ を与える（t_k：初期時刻または現在時刻）．

④ 予測雨量を確定的に与えて，微分方程式 (10.1) を $t \geq t_k$ において解き，将来時点 t_{k+i} ($i = 1, 2, \cdots$；$t_k < t_{k+1} < \cdots$) の状態 $x(t_{k+i})$ を求める．

⑤ 式 (10.2) により，$x(t_{k+i})$ を流量 $y(t_{k+i})$ に変換する．

リアルタイム洪水予測は，③〜⑤ をある時間間隔ごとに（たとえば，雨量の観測ごとに）繰り返すこととなるが，場合によっては，観測されたばかりの雨量・流量データを用いて，モデルパラメタ b, c の値を変更したのち ③〜⑤ を実行する（すなわち，②〜⑤ を繰り返していく）こともある．上記の手順は，確定的な入力（雨量）予測に基づく確定的な出力予測である．いわば決定論的 (deterministic) な取扱いであり，得られた結果の確からしさを明示するものではない．

そこで，降雨流出現象および観測の不確定性，モデル化（システム記述）の不正確さを考慮し，また，観測が離散時間でなされることも考慮して，式 (10.1)，(10.2) を次のように確率過程的 (stochastic) に取り扱う．

$$\frac{d}{dt}x(t) = f(x(t), b, r_k) + Fw(t), \quad t_{k-1} \leq t \leq t_k \tag{10.3}$$

$$y_k = g(x_k, c) + Gv_k \tag{10.4}$$

ここに，r_k は $t_{k-1} < t \leq t_k$ における平均降雨強度，y_k および x_k は時刻 t_k における出力および状態であり，$w(t), v_k$ はそれぞれシステムノイズベクトル，観測ノイズベクトルで，F, G は係数行列である．式 (10.3)，(10.4) は確率微分方程式であって，x, y, w, v は確率変数ベクトルとして取り扱うことになる．

こうした確率過程的状態空間モデルを基本として，時々刻々入手される雨量・

流量データを活用しながら,予測値だけでなくその精度をも定量的に与えることが目的となる.次項で示すように,システムが式(10.5),(10.6)のような線形離散型の式で表される場合,Kalmanフィルタを直接適用できる.しかし,流域(流出システム)は,式(10.3),(10.4)のように,非線形連続離散システムで記述されることが多い.

その場合には,非線形フィルタや適当な線形化・離散化を施すことにより同様の流出予測のアルゴリズムを構成することができる.

10.2.3 状態空間型システムモデルと Kalman フィルタ

流域を流出システムとしてとらえると,それは時間とともに状態が変化するいわゆる動的システムである.一般的に,動的なシステムは,システムの状態を表すp個の変数(状態変数)からなるベクトル(状態ベクトル)を用いて

$$x_{k+1} = \Phi_{k+1,k} x_k + d_k + \Gamma_k w_k \tag{10.5}$$

$$y_k = H_k x_k + e_k + G_k v_k \tag{10.6}$$

のような形式で表示できる(ただし,線形離散の場合).ここに,x_kは時刻t_kでの状態ベクトル($p \times 1$次元),$\Phi_{k+1,k}$は状態推移行列($p \times p$),d_kは定数ベクトル($p \times 1$),y_kは時刻t_kでのシステムの出力(観測値)を表すq個の変数からなる観測ベクトル($q \times 1$),e_kは定数ベクトル($q \times 1$),w_kはシステムノイズベクトル($r \times 1$),v_kは観測ノイズベクトル($s \times 1$)で,Γ_k, H_k, G_kは係数行列(それぞれ$p \times r, q \times p, q \times s$)である.式(10.5)は時刻$t_k$から$t_{k+1}$の間の状態の推移を表す式で状態方程式,式(10.6)はシステムの状態を観測する形態を示すもので観測方程式とよばれる.式(10.5),(10.6)は線形離散型の状態空間モデルであり,より一般的には,状態方程式(10.3)が連続時間で記述され,観測方程式(10.4)が離散時間で記述される連続-離散型の非線形モデルで流出システムを表現する.

式(10.5),(10.6)右辺の第2項すなわちノイズ項には何らかの確率特性が仮定される.通常,ノイズベクトルは白色正規過程と仮定され,その期待値と共分散行列は以下のように与えられる.

$$E(w_k) = 0 \tag{10.7}$$

$$E(w_k w_j^T) = Q_k \delta_{kj} \tag{10.8}$$

$$E(v_k) = 0 \tag{10.9}$$

$$E(v_k v_j^T) = R_k \delta_{kj} \tag{10.10}$$

ここに，E は期待値記号，δ_{kj} はクロネッカーのデルタで，Q_k, R_k はそれぞれ $r \times r$, $s \times s$ の行列である（T は転置記号）．

　Kalman フィルタとは，システムが上のような確率過程的状態空間モデルで表現されるとき，システム出力の新しい観測値が利用可能になるたびごとに状態ベクトルの推定値を更新する一連の方程式のことである．時刻 t_k までに利用可能な観測値を用いて得られる状態ベクトルの最適な推定値を $\hat{x}_{k|k}$，その共分散行列を $P_{k|k}$，同じ条件で1時間ステップ先の状態ベクトルの最適な推定値を $\hat{x}_{k+1|k}$，その共分散行列を $P_{k+1|k}$ と書くことにすれば，Kalman フィルタのアルゴリズムは次のように要約できる．

① 予測更新（1時間ステップ先の状態の予測値を求める）

$$\hat{x}_{k+1|k} = \Phi_{k+1|k} \hat{x}_{k|k} + d_k \tag{10.11}$$

$$P_{k+1|k} = \Phi_{k+1|k} P_{k|k} \Phi_k^T + \Gamma_k Q_k \Gamma_k^T \tag{10.12}$$

② Kalman ゲインの計算

$$K_{k+1} = P_{k+1|k} H_{k+1}^T [H_{k+1} P_{k+1|k} H_{k+1}^T + G_{k+1} R_{k+1} G_{k+1}^T]^{-1} \tag{10.13}$$

③ 観測更新（新しい観測値 y_{k+1} を得て推定値を更新する）

$$\hat{x}_{k+1|k+1} = \hat{x}_{k+1|k} + K_{k+1}[y_{k+1} - H_{k+1}\hat{x}_{k+1|k} - e_k] \tag{10.14}$$

$$P_{k+1|k+1} = [I - K_{k+1} H_{k+1}] P_{k+1|k} \tag{10.15}$$

ここで，I は単位行列（$p \times p$）である．式（10.11）は，予測更新された状態量ベクトルの1時間ステップ先の予測推定値（時点 k までの観測情報をすべて用いて得られた時点 $k+1$ の期待値）である．また，式（10.12）がその共分散行列であり，これは状態量ベクトルの推定誤差分散に相当することに留意されたい．時点 $k+1$ になって，新しい観測値 y_{k+1} を使ってフィルタリングされた状態量ベクトルの推定値（式（10.14），時点 $k+1$ までの観測情報をすべて用いて得られた期待値）とその推定誤差の共分散行列（式（10.15））を得て，再び ① の予測更新に戻る．

10.2.4　洪水の確率過程的予測

　流出モデルが非線形連続離散型のシステム方程式（10.3），（10.4）で表される場合，前項で述べた Kalman フィルタ理論を適用するために次のような取り扱いをする．

$$t_{k-1} \leq t < t_k^- \text{ で} \quad \frac{d}{dt} x(t) = f(x(t), b, r_k) \tag{10.16}$$

$$t = t_k \text{ で} \quad x(t_k) = x(t_k^-) + Fw(t_k) \tag{10.17}$$

$$y_k = g(x_k, c) + Gv_k \tag{10.18}$$

式(10.18)において $x_k = x(t_k)$ である.

いま,降雨予測者の存在を仮定し,各時刻 k に, M 単位時間後までの降雨強度の系列のベクトル

$$r_{k,M} = (r_{k+1}, r_{k+2}, \cdots, r_{k+M})^T \tag{10.19}$$

の予測値 $\hat{r}_{k,M}$ とその予測誤差の共分散行列 $R_{k,M}$ が,降雨予測者によって与えられるものとする.降雨予測誤差は近似的に正規分布に従うものとする.一般に,時刻 k までに既知となる情報の列ベクトル Y_k を

$$Y_k = (r_1, y_1^T, r_2, y_2^T, \cdots, r_k, y_k^T)^T \tag{10.20}$$

とすると, Y_k が得られるという条件つきの状態ベクトル x の条件つき確率分布を求め,これから, Y_k を条件とする $j > k$ の時刻 j の x_j, y_j の条件つき確率分布を求めていく.前者を状態ベクトルのフィルタリング,後者を状態ベクトル・出力の予測という.このとき,流出予測の手順は次のようになる.

① 〈初期化〉 現在時刻を k とおく.
② 〈降雨予測情報の入手と流出予測〉 $\hat{r}_{k,M}, R_{k,M}$ を降雨予測者より入手して, x の期待値ベクトル $\hat{x}_{k|k}$ と共分散行列 $P_{k|k}$ を元にして, $\hat{x}_{k+i|k}, \hat{y}_{k+i|k}, i = 1, \cdots, M$ を求める.
③ 〈観測値の入手とフィルタリング〉 r_{k+1}, y_{k+1} を入手して, $\hat{x}_{k+1|k+1}, P_{k+1|k+1}$ を求める.
④ 〈k の更新〉 $k+1$ をあらためて k として ② へ戻る.

なお,有色ノイズの導入,非線形な確率過程モデルの線形化・離散化の方法等については文献[10],[11],[13]を参照されたい.また,こうした方法を流出モデルパラメタの実時間同定と流出予測に応用した例[18]や電力ダムへの応用例[19]がある.

ここで示した方法によれば最新の観測降雨,観測流量情報を取り込みながら,状態ベクトルを更新するとともに,洪水の到達時間以上の予測リードタイムに対しても降雨予測の誤差を含合した形で洪水流出ハイドログラフの期待値およびその誤差が計算できる.予測値のみならずその予測精度が求められるので,次のような応用が考えられる.

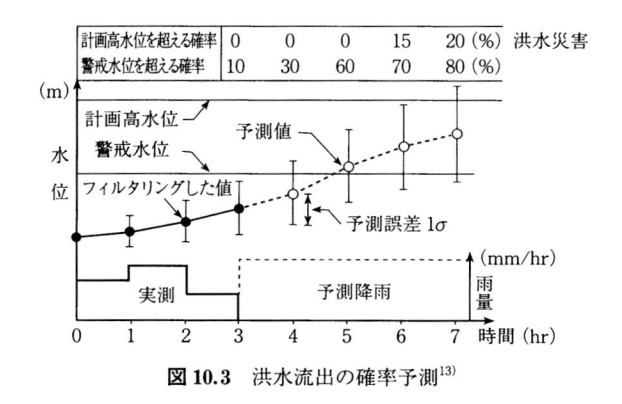

計画高水位を超える確率	0	0	0	15	20 (%)	洪水災害
警戒水位を超える確率	10	30	60	70	80 (%)	

図 10.3 洪水流出の確率予測[13]

図 10.3 は，雨が降り始めて数時間経過した時点（その時刻を3時とする）における予測降雨（の平均値）とそれに基づく予測流量を水位に変換したものを示す概念図である．この時点の予報としては，たとえば「2時間後に警戒水位を越える確率は60％，4時間後では80％である」とか，「4時間後に計画水位を越える確率が20％であるから，○○地区の住民は直ちに避難せよ」など河川の流量や水位に基づいて避難勧告，避難指示などを出すことが可能となる[13],[20]．こうした手法を実際の洪水予報に活用するために，降雨予測，流出モデルのさらなる改良，流出予測の精度の向上に努めると同時に，どのくらいの超過確率なら予報を出すかといった基準の設定も議論していく必要がある．

10.3 河川情報システムと洪水予報

ダム，堤防などの構造物，いわゆるハードウェアは，計画（planning），設計（design）の段階から，その建設施工を行う事業（project），完成竣工後は，実際管理（operation），維持管理（maintenance）というプロセスをたどる．実際管理，維持管理の両方を含めて管理（management）という．

ある主体が豪雨，洪水といった自然現象がもたらす災害を防止軽減するように行動した結果，生起する被害の確率をリスクとよぶ．このリスクをできる限り低く抑え，住民が安全・安心に暮らせるように流水管理を行わねばならない．そのためには，ハードウエアのみならず，構造物に頼らない対策（non-structural measures）によってリスクを低減させる必要がある．すなわち，日常からの水

害意識の高揚，予警報による迅速・時宜を得た避難・水防活動，保険制度による被害の補償などである．こうした方策のことを「ソフト対策」と言い，「ハード対策」とよばれる構造物による対策（structural measures）を補完する重要な施策となっている．以下では，ソフト対策として重要な河川に関する情報システム，洪水予報の現状，予測情報を利用した高度な水管理の必要性を述べる．

10.3.1　河川情報システム

　流水管理にあっては，ここで述べる降雨や洪水の予測情報のみならず，水質事故や渇水などについてもリアルタイムでそれらの管理情報が提供されるが，行政サイドのみではなく，河川管理者，自治体，住民それぞれがお互いに情報を共有し，それぞれの役割分担を認識し，連携することがますます求められてきている．情報内容の表現法を工夫したり，情報通信媒体の進展等をにらみながら，こうした情報をどのように受け渡しあうか，河川情報システムの管理関係情報の共有化とその整備が期待されている．

　洪水の実際管理あるいはリアルタイム管理においては，河川流域内に点在するテレメータ等の水文観測機器による雨量・水位・流量等の河川情報，レーダ雨量計による雨の面的情報を収集し，適切に加工・処理して関係機関に伝達するシステムの整備が不可欠である．とくに洪水時にあっては河川，ダム等の状況を迅速にかつ正確に把握する必要がある．

　従来，紙地図ベースであった地理情報がデジタル化されるとともに，洪水流出モデルの精度が向上し，予測計算・情報提供のための情報処理通信の速度・容量が飛躍的に拡大してきたので，気象予測のみならず，洪水予測情報をリアルタイムで提供することができる時代になった．浸水や氾濫の状況までをもリアルタイムで予測・配信できるようになってきた．これにより，**図10.4** のように，浸水・氾濫や避難に関する情報提供を行うことも可能である．

　国が管理する一級河川においてはリアルタイムでの降雨実況，河川流量実況が全国の地方自治体等にも配信されるようになった．こうした中央政府からの情報提供に加えて，最近では自治体のホームページにおいて，気象や河川に関する情報が一般住民にも提供されるようになってきている．

　実際管理や住民対応に有用なこうした情報をハード面から提供するものとしてレーダ雨量計の他に，ドップラーレーダの設置や光ファイバー網の整備など観測

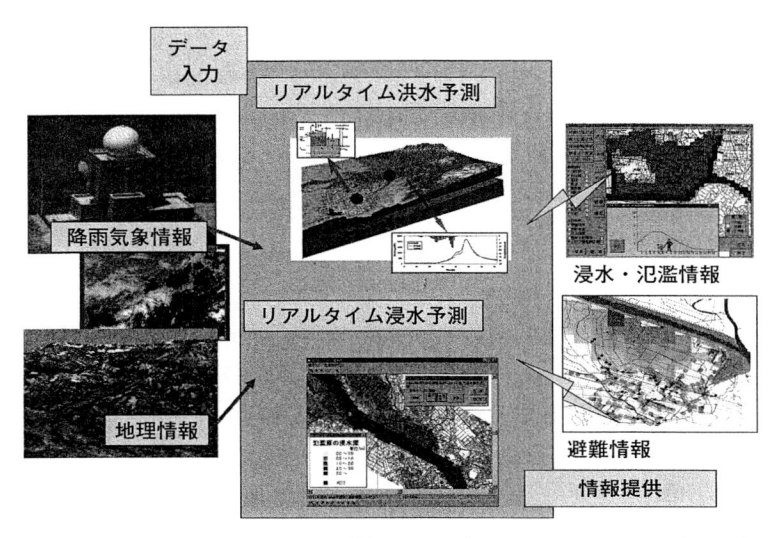

図 10.4 リアルタイム予測と河川情報の提供（国土技術政策研究所資料より）

や情報伝達のインフラの整備が鋭意進められている．

10.3.2 洪 水 予 報

　我が国の流域は一般に集水面積が小さく短い河道長，急な河川勾配をもつため，梅雨・台風期に集中的に降る豪雨は直ちに流出し，シャープなハイドログラフの形状を呈する．加えて，土砂生産が多く，土砂が河道を流下して，下流沖積低地河川は天井河川化している．全国土の10％に過ぎないこうした洪水危険地域に全人口の50％，資産の75％が集中化しており，ひとたび洪水が氾濫すればその被害は甚大なものになる．したがって，洪水予報がきわめて重要である．

　2000年9月の東海豪雨による水害を契機に，2001年6月には水防法が改正され，国が管理する大きな河川ばかりでなく，都道府県知事が管理する中小の河川についても洪水予報が実施されるようになった．中小河川では，流域面積が小さく降雨から流出までの遅れ時間が短いために，洪水予報を行うには，きめの細かい予測雨量が必要となる．このため，気象庁では，レーダ情報とアメダス雨量から算出される降水ナウキャスト情報の開発に取り組んでいる．

　都道府県管理の河川においては，2002年度からは，都道府県と気象庁共同の洪水予報が実施されている（2004年3月現在11水系17河川）．台風の接近など

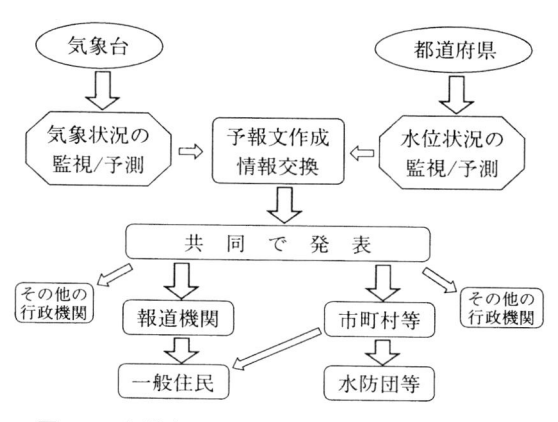

図 10.5 都道府県と気象台が共同して行う洪水予報

で大雨が発生するおそれがある場合に，地方気象台がナウキャスト情報などに基づいて河川流域の雨量予測を行い，その結果を都道府県の河川管理部署の専用端末に自動的に送信し，都道府県が河川の水位予測を流出モデルを用いて自動的に行っている．これらの情報を都道府県と気象庁の両者が共同で洪水予報として発表するものとなっている．出来上がった洪水予報は，関係行政機関等に伝達されるとともに，報道機関の協力を得て，流域住民へ周知されている（**図 10.5**）．

こうした河川管理情報は行政サイドに専有されがちであるとの指摘もあるが，1997年の河川法改正，1999年の情報公開法により，住民は河川整備計画などの立案に参画できる仕組みとなり，またそうした行政情報を得ることができるようになった．さらには，2001年の土砂災害防止法，水防法の改正によって，土砂災害や洪水災害の危険箇所を市町村が住民に公知することが義務づけられるようになった．

このように，国レベルの河川管理者のみならず自治体，住民の役割分担が求められるとともに，情報の共有化が進むようになってきたので，どのような情報をどのような表現方法で提示するかが問われてくる．実際に災害が起こりつつある現場においては，正確な情報を迅速かつ的確に伝えるとともに，どう行動したらよいのかがわかるような情報提供が求められているのである．

10.3.3　予測情報を活用した高度な水管理

洪水や渇水による被害を防止・軽減するため堤防やダム建設が進められてきた

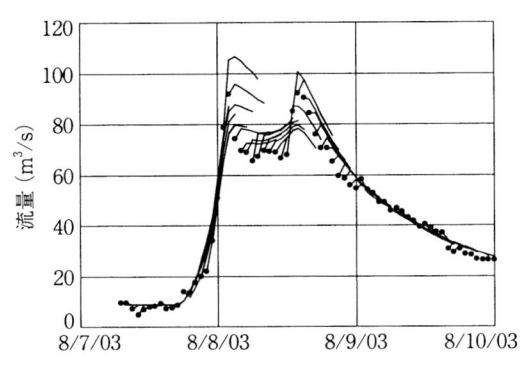

図 10.6 降雨予測を取り込んだ流出予測計算の例[21]

のであり，ダムによる流水制御は流水管理の要である．流況予測・制御という一連の水管理は，一部の河川を除けば，実績の気象・水象情報に基づく経験的な手法により洪水調節や各種用水の補給を実施しており，最新の予測情報を活用して高水管理・低水管理を行う環境が十分に整えられていないのが現状である．

近年の気候変動によって計画規模を超過する洪水や渇水の多発が予想されている．こうした洪水や渇水に機動的かつ的確に対応するためには，降水量の予測情報を活用した水管理を行うことが急務である．そのためには，高精度の降水予測情報に基づいた確度の高い短期・長期の流出予測がなされなければならない．実際，我が国のダム流域は数十 km^2 から数百 km^2 の範囲にあるものが多く，洪水の到達時間の短さからおのずと降雨予測が不可欠である．**図 10.6** に降雨予測を取り込んだ流出予測計算の例を示す[21]．

既に述べたように，近年，気象衛星等による気象観測が充実するとともに，気象予測モデルの進歩等により，降水量の予測精度が向上しつつある．今後，精度，解像度，予測時間はますます改良されていくことになる．したがって，洪水予報は，従来，代表基準点で2～3時間先の予測がなされていたものが，広域かつ詳細な雨量分布の予測と分布型流出モデルの結合により，多地点（任意地点）における長時間予測に基づくきめ細かな予報が可能となってこよう．1か月先までの長期の気象予測の精度が水管理に活用できるレベルにまでなると，渇水期・洪水期ともに，より安全で効率的なダム運用が可能となる[21]．

以上のような状況を考えると，流域内の各種貯留施設を考慮した現実的な流域流況シミュレーションモデルが水管理に威力を発揮することになるはずである[22]．

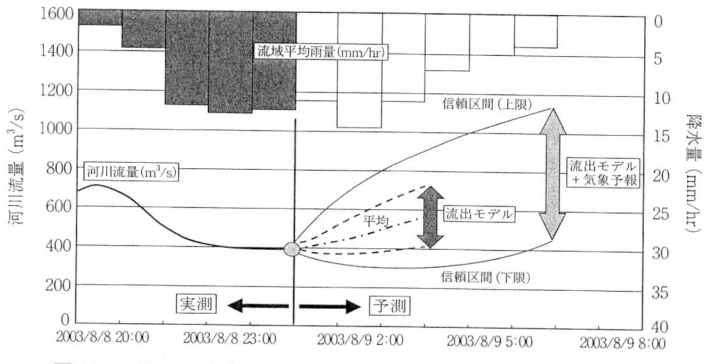

図10.7 降雨・流出予測の不確定性（国土技術政策総合研究所）

予測降水量の不確定性，河川流量の誤差（**図10.7**）を考慮したうえで，水管理に活用する技術を開発することができれば，洪水や渇水災害の発生を事前に予知し，被害の防止・軽減を図ることができる．すなわち，ダムからの事前放流，ダム群の統合管理，流域間導水など貯水システムのより一層の効率的な運用が可能になるはずであり，それが実現される日もそう遠くないといえよう．

参 考 文 献

1) 椎葉充晴・高棹琢馬・中北英一：移流モデルによる短時間降雨予測手法の検討，第28回水理講演会論文集，**28**，pp. 423-428（1984）．
2) 中北英一：3次元レーダーで探る降水現象，地球環境と流体力学，日本流体力学会編，朝倉書店，pp. 27-57（1992）．
3) 水文・水資源学会編：水文・水資源ハンドブック，朝倉書店，pp. 256-281（1997）．
4) （財）河川情報センター：実務技術者のためのレーダ雨量計講座，http://www.river.or.jp/reda/index.html
5) 椎葉充晴：レーダー雨量計を利用した降雨の実時間予測と実時間流出予測手法，水工学シリーズ87-A-1，土木学会水理委員会夏季講習会，pp. A-1-1～A-1-18（1997）．
6) 気象庁：気象業務はいま2004，125 p（2004）．
7) 和田一範：気象予測の水管理実務への活用と次世代型水管理技術の開発，地球規模水循環変動研究イニシャティブシンポジウム「水循環変動研究の最前線と社会への貢献」（2005）．
8) 日野幹雄：水文流出系へのカルマン・フィルター理論の適用，土木学会論文報告集，**221**，pp. 39-47（1974）．

9) 高棹琢馬・椎葉充晴：状態空間法による流出予測－kinematic wave法を中心として－，京都大学防災研究所年報，**23** (B-2), pp. 211-226 (1980).
10) 高棹琢馬・椎葉充晴・宝 馨：集中型流出モデルの構成と流出予測法，京都大学防災研究所年報，**25** (B-2), pp. 221-243.
11) 高棹琢馬・椎葉充晴・宝 馨：貯留モデルによる実時間流出予測に関する基礎的研究，京都大学防災研究所年報，**25** (B-2), pp. 245-267 (1982).
12) 日野幹雄・金 治弘：フィルター分離AR法とカルマン・フィルターによる洪水予測法に関する研究，土木学会論文集，**351**/II-2, pp. 155-162 (1984).
13) 宝 馨・高棹琢馬・椎葉充晴：洪水流出の確率予測における実際的手法，第28回水理講演会論文集，土木学会，pp. 415-422 (1984).
14) 永井明博・田中丸治哉・角屋 暁：ダム管理の水文学－河川流域の洪水予測を中心として，森北出版，146 pp. (2003).
15) 星 清：「実時間洪水予測システム理論」解説書，(財)北海道河川防災研究センター・研究所，396 pp. (2004).
16) 高棹琢馬・永末博幸：淀川水系における洪水の予知・予報と今後の展望について，第19回自然災害科学総合シンポジウム講演要旨集，pp. 47-50 (1982).
17) 木下武雄：洪水予報の最近の技術．利根川の洪水予報の例，第19回自然災害科学総合シンポジウム講演要旨集，pp. 51-54 (1982).
18) 立川康人・椎葉充晴・市川 温：貯留関数法のモデルパラメータの不確定性を考慮した実用的な実時間予測手法，水文・水資源学会誌，**10** (6), pp. 617-626 (1997).
19) 吉村清宏・藤田 暁・勝田栄作・高棹琢馬・椎葉充晴：電力ダム操作のための実時間出水予測手法の精度向上について，水工学論文集，土木学会水理委員会，**40**, pp. 121-126 (1996).
20) 池淵周一・椎葉充晴・宝 馨：水災害の予知と予測，京都大学防災研究所（編），防災学講座**1**，風水害論，山海堂，pp. 125-133 (2003).
21) 和田一範・村瀬勝彦・冨澤洋介：河川の高水管理における予測降雨情報の適用性，土木技術資料，pp. 64-69, **47** (3), (2005).
22) 佐山敬洋・立川康人・宝 馨・市川 温：広域分布型流出予測システムの開発とダム群治水効果の評価，土木学会論文集，803/II-73, pp. 13-27 (2005).

11. 水文量の確率統計解析

河川流域における種々の水工計画・水工設計のためには，降雨や河川流量データの確率統計解析を行い，計画および設計の基本量（T年確率水文量）を定める必要がある．このとき，豪雨や洪水といった極値事象（extreme events）の生起頻度を解析することが基本となる．本章では，雨量や流量といった水文量の極値データ（extreme-value data）に確率分布を当てはめ，T年確率水文量を求める手順を解説する．極値データに確率分布関数を当てはめる方法だけでなく，適合度の評価基準，確率水文量の推定精度を定量化する方法についても述べる．これらは，我が国の水文頻度解析（hydrologic frequency analysis）の標準的な手法として広く用いられている．

11.1 河川計画と確率論的アプローチ

前章では，「実時間予知」すなわち豪雨や洪水といった現象が起こりつつあるときに，それらの現象をリアルタイムで予測する手法について述べた．その予測は，洪水予報やダムなどによる洪水制御に利用され，洪水を低減させたり，避難水防活動を迅速かつ効果的に行うのに役立つ．一方，流域において起こりうる洪水・渇水を予め想定し，河川整備を行い水工構造物をつくって，大きな被害を受けないように備えておくことも重要である．上述の「実時間予知」に対してこれを「計画予知」という．このような治水や利水に関する計画・設計・管理においては，必要な資金と流域の社会経済的重要度を考慮し，環境にも配慮しながら流域を合理的・総合的に考えていかねばならない．

1896 年（明治 29 年）に河川法が制定されて以来，治水が河川行政の眼目であったが，1964 年（昭和 39 年）の河川法では治水のみならず利水が重要視されることとなった．1997 年（平成 9 年）5 月，河川法の一部が改正され，治水・利水に

加えてさらに「河川環境」が河川整備の目的に組み込まれることとなった．その改正の趣旨の中に，「計画制度の抜本的な見直し」が含まれている．従来，「工事実施基本計画（工実）」によって河川整備の基本方針を与え，それに沿って河川に関わる事業が進められてきた．一方，今回の抜本的な見直しによって，新たな計画制度は2段階の手順を踏むこととなった．すなわち，まず，「河川整備基本方針」により長期的な河川整備の基本方針を定める．この際，計画高水流量等の基本的な事項について，河川管理者が河川審議会の意見を聴いて定める．それに基づいて次に策定する「河川整備計画」は，ダム，堤防等の河川工事や河川の維持の具体的な整備の計画について，河川管理者が地方公共団体の長，地域住民等の意見を反映させて定める．

この2つの段階において，計画決定過程の透明化，情報公開，説明責任などが必然的に要求される．洪水防御計画（治水計画）の基本量である基本高水および計画高水流量は，第1段階の「河川整備基本方針」において定められるが，その際に用いたデータ，モデル，手法，さらには，判断の根拠などについても明らかにしておく必要があり，公平で客観的な判断のできる材料と手法を用いなければならない．

水工施設の設計・計画の基本量を定める水文頻度解析においても，当然のことながら，解析の途中の経過を明らかにし，曖昧さや主観的判断を極力排除し，判断の基準を明確にする必要がある．本章で述べる水文頻度解析における近年の進歩は，このことを可能にしつつある．すなわち，データの蓄積が進み，コンピュータが発達するとともに，新たな統計技法が提案され，客観的・定量的な解析結果の表現が可能となっている．実際，これまで長年にわたって慣用されてきた手法の見直しや再整理が行われている．

計画や設計の規模が大きくなると，治水や利水の安全度は高まるが，必要な経費は増大する．したがって，財政状況や流域の重要度に応じて対処すべき洪水や渇水の大きさを定める必要がでてくる．この際，降雨量や河川流量といった水文量に関する長年の観測データの確率統計解析によって計画・設計の規模を合理的に決める．これは，観測データに基づく長期的な予測にほかならない．この章では，こうした水文量の確率統計解析の手法を述べる．

11.2 水文量とその確率評価

11.2.1 いろいろな水文量と観測データ

降水量,降水強度,河川流量,流速,水位などの水文過程における物理量を総称して水文量という.水文量はいろいろな方法で観測され,そのデータが長年にわたって気象業務官署,河川管理者や研究者によって蓄積されている[1,2].また,近年,観測データは公開されており,インターネットによって誰でも容易に参照することができるようになってきた(たとえば,国土交通省の水文・水質データベース http://www1.river.go.jp/ や,気象庁の電子閲覧室 http://www.data.kishou.go.jp/ など).なお,観測値には,品質管理・検証のなされていない観測して直後のデータ(いわゆる速報値,または未確定値)と,一定の精度基準を満たすことが保証されているデータ(検定済みデータ)があることに注意しなければならない.

水文量の観測は,基本的には,瞬間瞬間に変動するいわゆる瞬時値を観測する場合と,ある一定の時間間隔内の累積量を観測する場合に大別できる.たとえば,洪水ピーク流量や水位は瞬時値である.一方,降水量は,3時間降水量,24時間降水量,日降水量,月降水量,年降水量というように,時間的に積分したものを評価する.河川流量の場合でも水の容量を問題にする場合には,日流量,半旬(5日間)流量,月流量などを用いる.

11.2.2 極値水文量と水文統計学の応用

洪水や渇水などの異常な(日常の値と大きく異なるような)現象の頻度(生起特性)を把握するために,確率論的なアプローチが本格的に導入されるようになったのは,1910年代アメリカにおいてである.すなわち,年最大の洪水流量や降水量といった極値水文量が従う確率分布関数を解析的または経験的に選び出し,水文量とその値を超過する確率との関係を明らかにして,計画や設計に必要な基準量を合理的に決めようとする考え方が導入された.その後,1920年代から1940年頃にかけて,アメリカ,ドイツ,フランスにおいて,Gumbel[3]らの業績によって,極値統計学,水文統計学の理論や手法に関する研究が大いに発展した.

我が国では，第二次世界大戦後，岩井[4)]がこれらの研究を紹介するとともに，対数正規分布に関する解法を詳細に吟味し[5)]，主要河川の確率洪水の推定に適用した[6)]のがさきがけである．さらに石原・岩井[7)]は，こうした水文統計学の考え方の河川計画への導入を提案した．昭和33年（1958年）の建設省（現・国土交通省）河川砂防技術基準（案）に基本高水の決定に際して確率洪水概念を基準とすることが明確化され，今日の我が国の河川計画に定着するに至った．

　その後，1970年頃までの間に，角屋，高瀬，石黒，長尾らの精緻な研究が続々となされ，手法的に一応の確立をみた[8), 9)]．最近では，データの蓄積とコンピュータの発達により，これらの伝統的な手法の見直しと改良，新たな手法の提案がなされてきている[10), 11)]．

11.2.3　確率で生起特性を考える

　水文量は時間的・空間的に変動する．その変動がどのような原因で起こっているのかを完全に知り得たら，天気予報や洪水予報の的中率は100%になるはずである．実際には，そのようなことは期待できないので，これまでの観測データや経験に基づいて，豪雨や洪水などの現象を予測する．たとえば，降水量は，年によって多かったり少なかったりするが，何年かの年降水量のデータを平均すれば，おおよその傾向はわかるし，その分散（あるいは標準偏差）を求めれば，その変動の度合いが定量できる．データを用いて平均値や分散などを求めることを統計学的方法という．

　対象とする水文量がある確率法則に従って生起すると仮定する．このときその水文量は確率変数であるとみなされる．それを H と記す．すなわち，確率変数であるその水文量 H は確率分布 F に従う母集団を形成すると考え，水文量 H の実現値（観測値）を h で表す．観測値が N 個ある場合，添え字を付けて $h_1, h_2, \cdots, h_N$ とし，これらを小さい順に並べ替えたものを $x_1 \leq x_2 \leq \cdots \leq x_N$ と表す．これを順序統計量という．変量 H をいくつかの階級（等間隔の値の幅）に分類して，実現値 h またはその順序統計量 x が各階級にどのくらい入っているかを示す指標が

$$相対頻度 = \frac{階級に含まれるデータの個数}{データの総数} \tag{11.1}$$

である．1881〜2004年までの124年間の観測記録による京都気象台の年降水量

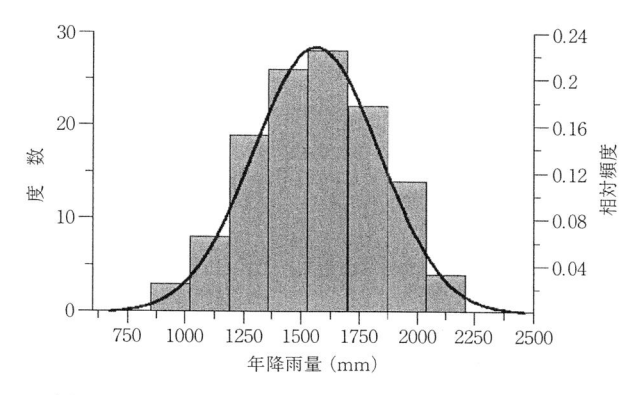

図 11.1 京都における年降水量（1881〜2004年）のヒストグラムと当てはめた正規分布（平均値 1,565 mm, 標準偏差 272 mm）

のヒストグラム（相対度数分布を表す柱状グラフ）を描くと，**図 11.1** のようになる．図 11.1 では，124 個の年降水量データを 8 つの階級に分けてヒストグラムで表示している．

11.2.4 確率統計学的な方法と確率分布

統計学的方法においては，正規分布（ガウス分布）を用いることが多い．正規分布（normal distribution）の確率密度関数は次式で与えられる．

$$f(x) = \frac{1}{\sigma\sqrt{2\pi}} \exp\left\{-\frac{1}{2}\left(\frac{x-\mu}{\sigma}\right)^2\right\} \tag{11.2}$$

ここに，x は対象とする確率変数の値（変数）で，μ, σ は分布の母数（parameter）である．それぞれ，確率変数 x の平均値と標準偏差を表すので，母平均，母標準偏差とよばれる．正規分布は簡単に $N(\mu, \sigma^2)$ と書かれる．この確率変数 x を

$$s = \frac{x-\mu}{\sigma} \tag{11.3}$$

と変換した s を標準変量（標準正規確率変数）とよぶ．この標準変量を用いると，式（11.2）の正規分布は，平均値 0，標準偏差 1 の s の分布となり

$$f(s) = \frac{1}{\sqrt{2\pi}} \exp\left\{-\frac{1}{2}s^2\right\} \tag{11.4}$$

となる．式（11.4）のように標準化した分布を標準正規分布といい，$N(0, 1)$ と表す．**図 11.2** に正規分布の確率密度関数を示す．図中には，元の変量 x および標準変量 s の両方を横軸にとっていることに留意されたい．正規分布では，中央

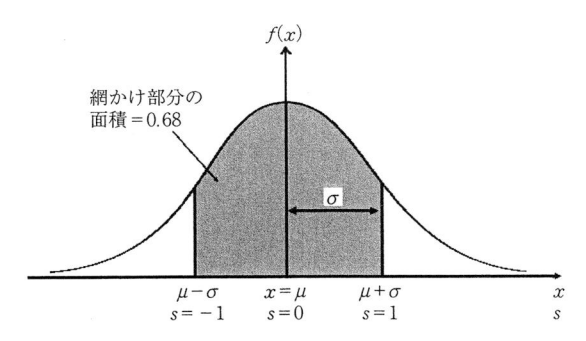

図 11.2 正規分布および標準正規分布の確率密度関数

値(メディアン),最頻値(モード)と平均値は一致し,変量は中央値の周りに釣り鐘状に左右対称に分布している.

正規分布の母数,すなわち式 (11.2) の母平均 μ,母標準偏差 σ の最良推定値は

$$\hat{\mu} = \bar{x} = \frac{1}{N}\sum_{i=1}^{N} x_i$$

$$\hat{\sigma} = \sqrt{\hat{s}^2} = \left\{\frac{1}{N-1}\sum_{i=1}^{N}(x_i - \bar{x})^2\right\}^{1/2} \tag{11.5}$$

であることが知られている.ここに,$\bar{x}$ は標本平均(いわゆる平均値),$\hat{s}^2$ は不偏分散であり,$\hat{s}$ は標本標準偏差とよばれる.この推定値は N が十分に大きいときに最尤法による推定値と一致する.

最尤法は,最大尤度推定法ともよばれ,分布を当てはめる標本のサイズ N が大きいときに,推定値の重要な性質である不偏性(母数推定値が統計的に母数と一致する)と有効性(不偏推定値が最小分散をもつ)を備えた良い推定量を与える.N 個の資料 $x_1, x_2, \cdots, x_N$ が与えられたとき,尤度関数 $L(\theta)$ が次式で定義される.

$$L(\theta) = \prod_{i=1}^{N} f(x_i; \theta) \tag{11.6}$$

ここに,$f(x;\theta)$ は確率密度関数であり,θ は母数のベクトルである.実現値 x_i の確からしさは x_i における確率密度関数の値に比例するのと考えてよいので,N 個の独立な事象 $x_1, x_2, \cdots, x_N$ が実現する確からしさは式 (11.6) で表すことができる.一般に,尤度関数はその対数である対数尤度(log-likelihood)

$$\ln L(\theta) = \sum_{i=1}^{N} \ln f(x_i; \theta) \tag{11.7}$$

の形式で用いられる．最尤法は $L(\theta)$ を最大とする $\theta=\hat{\theta}$ を母数推定値とする方法である．

図 11.1 で示した京都における年降水量（1881～2004 年）の平均値（標本平均）は 1,565 mm，標本標準偏差は 272 mm であった．$\hat{\mu}=1,565$，$\hat{\sigma}=272$ として正規分布の曲線（確率密度関数）を図 11.1 に併せて描くと，データの経験分布（ヒストグラム）と理論分布（確率密度関数）とがよく一致する．京都の年降水量は正規分布で統計学的に表すことができるといえる．

京都における毎年毎年の降水量は，この確率分布（正規分布）に従って生起するものと考えられる．図 11.2 のように平均値から標準偏差 $\pm 1\sigma$ の範囲の面積は約 0.68 であることが知られているので，図 11.1 から年降水量が平均値プラス標準偏差 (1,565+272=1,837 mm) を超える確率（超過確率）は約 16%，平均値マイナス標準偏差 (1,565-272=1,293 mm) を下回る確率（非超過確率）は同じく約 16% ということが，正規分布の理論に基づいて予測できる．結局，任意の値を超過したり下回ったりする確率が，正規分布理論あるいは正規分布表から求められるのである．こうした方法を確率論的方法あるいは確率統計学的方法という．

これによっては，水文量の発生や変動が，確率的な理論や法則に従って起こっていると考えていることになる．ある水文量の観測値は，その水文量の母集団からの実現値であり，その母集団はある確率分布に従うとみなすのである．

11.2.5 超過・非超過確率とリターンピリオド

水工施設の設計や治水・利水の計画を行う際には，降水量や河川流量といった水文量がどのような頻度で生起するかを考慮する．水文量がある確率分布に従う確率変数であるとすれば，その生起頻度は，一般に，以下のような超過確率，非超過確率といった概念で表すことができる．

変量 X の確率密度関数を $f(x)$，累積分布関数（あるいは単に"分布関数"とよぶこともある）を $F(x)$ とすると

$$F(x) = \int_{-\infty}^{x} f(t)dt \tag{11.8}$$

であり，x が指定されたとき，$F(x)$ を x の非超過確率，$1-F(x)$ を超過確率という．対象とする変量が，洪水流量のように大きいほど危険な場合は超過確率が危険度の指標とされ，渇水流量のように小さいほど問題な場合は非超過確率がそ

の指標とされる．

水文量のある値 x_p の非超過確率（場合によっては超過確率）を p とするとき

$$T = \frac{1}{n(1-p)} \quad 〔年〕 \tag{11.9}$$

は，水文量 $X = x_p$ に対応するリターンピリオド（あるいは再現期間）とよばれる．ここに，n は $F(x)$ の推定に用いた水文量 X の年間平均生起度数で，x_p を"T 年確率水文量"（一般には，"再現確率統計量" または "分位値（quantile）"）とよぶ．X として年降水量や年最大（あるいは年最小）水文量を取り扱うときは $n = 1$ であり，また，$p = F(x_p)$ であるから，T 年確率水文量は $100p\%$ 分位値（percentile, パーセンタイル）に相当する．たとえば，50 年確率水文量は 98% 分位値，2 年確率水文量は 50% 分位値（すなわちメジアン）である．

標準正規分布（式（11.4））の累積分布関数は $\Phi(s)$ を用いて表すことが多く

$$F(s) = \Phi(s) = \frac{1}{\sqrt{2\pi}} \int_{-\infty}^{s} e^{-\frac{1}{2}t^2} dt \tag{11.10}$$

である．確率密度関数と累積分布関数，99% 分位値の関係を**図 11.3** に示す．図 11.3 に示すように，正規分布の 99% 分位値（100 年確率）は $s_{0.99} = 2.36$ であることが知られており，これは式（11.3）$s = (x-\mu)/\sigma$ より，$x = \mu + 2.36\sigma$ であるか

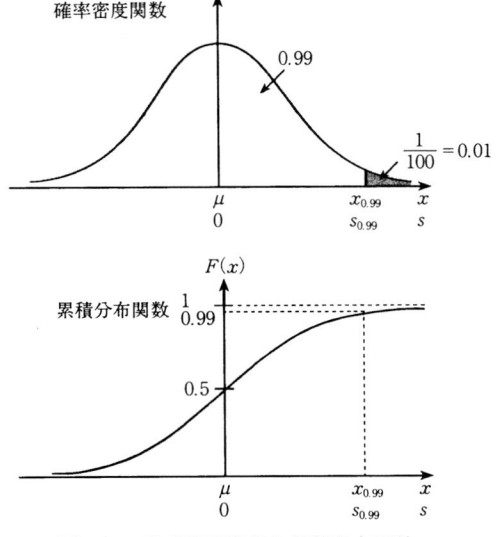

図 11.3 確率密度関数と累積分布関数

ら，上述の京都の年降水量を例にとると100年確率の年降水量の推定値は

$$\hat{x}_{0.99} = \hat{\mu} + 2.36\hat{\sigma}$$
$$= 1,565 + 2.36 \times 272$$
$$= 2,207 \text{ (mm)} \tag{11.11}$$

となる．

11.3 水文頻度解析の手順

　水文頻度解析においては，水文量がある確率法則に従って生起する確率変量であると仮定する．この確率生起性（randomness）と独立性（independence）・等質性（homogeniety，対象とするデータ1つ1つが同じ母集団からまったく独立に生起する）および定常性（stationarity，想定する確率分布が時間的に変化しない）が水文頻度解析の前提条件である．これらの前提条件が満足されるかどうかについて対象とするデータの吟味が基本的に重要である．

　対象とする水文量の頻度解析に用いる確率分布（式（11.8）のFおよびf）を水文頻度解析モデルとよぶことにする．当該水文量の1組のデータが与えられたとき，その水文量が従う水文頻度解析モデルを決定するには，大略以下の手順を踏む．

　　Step 1［データの吟味］データの等質性・独立性などに関して，水文学的あるいは確率統計学的観点から検討する．

　　Step 2［候補モデルの列挙］ヒストグラムを描くなどして，大体の分布形状を把握したのち，適当と思われる確率分布（頻度解析モデル）をいくつか選ぶ．

　　Step 3［母数推定］データにそれらのモデルを当てはめる．この際，何らかの方法で確率分布の母数を推定する．

　　Step 4［モデル評価］モデルの良否を何らかの規準により比較検討し，最も良いと思われるモデルを選ぶ．

これら一連の手順において，

　・頻度解析モデルとしてどのようなものを候補とするか．

　・母数推定法として何を使うか．

　・どのモデルを最終的に選ぶのか．

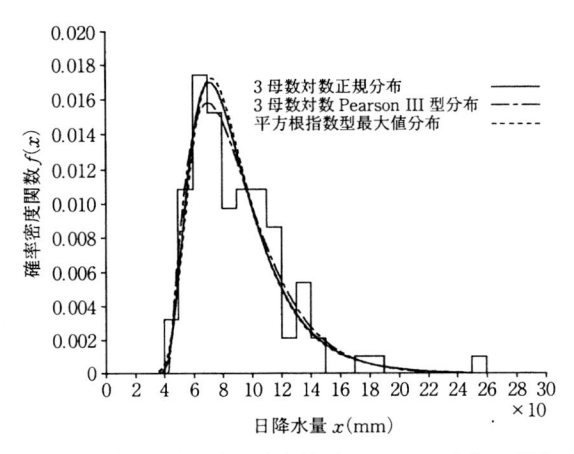

図 11.4 大阪の年最大日降水量（1889〜1980 年）に最尤法で当てはめた確率分布

という問題がある．たとえば，最終ステップ（Step 4）では，従来はデータと頻度解析モデルの適合度をモデルの評価規準としてきた．図 11.1 でみたように，データのヒストグラムと確率密度関数の一致性を目視（visual consistency）で判断することが多い．

大阪の年最大日降水量のデータ（1889〜1980 年の 92 年間）[12] に対して，ヒストグラムと最尤法で当てはめた頻度解析モデルの確率密度関数を描いたものが図 11.4 である．ピーク付近で良く適合しているようにみえる頻度解析モデルは，3 母数対数正規分布，3 母数対数 Pearson III 型（ガンマ）分布，平方根指数型最大値分布[13] であるが，目視からだけではこの 3 つのモデルの優劣を判断するのは難しい．また，水工設計や水工計画の場合に問題となる非超過確率の大きい部分（分布の右裾付近）の適合度についても同じく優劣をつけがたい．

11.3.1 水文頻度解析に用いる確率分布と母数推定法

京都の年降水量は，図 11.1 でみたように，平均値の周りに山形に対称に分布する正規分布がよく適合する．しかしながら，年最大降雨量や年最大流量のような極値データは，対称ではなく非対称な山形を示す場合が多い．一山型（単峰）の分布でなく，二山三山になる多峰性の分布の場合は，各山に属する水文量の発生機構が異なる（すなわち，同一の確率分布とみなせない）可能性があるので注

11.3 水文頻度解析の手順

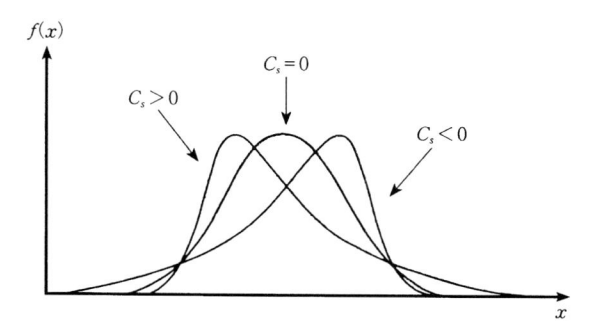

図 11.5 分布形と標本歪み係数 C_s の関係

意しなければならない．

水文量の1組のデータセット（標本）に対して，ヒストグラムを描くかわりに，標本歪み係数

$$C_s = \frac{\frac{1}{N}\sum_{i=1}^{N}(x_i - \bar{x})^3}{\left\{\frac{1}{N}\sum_{i=1}^{N}(x_i - \bar{x})^2\right\}^{3/2}} \tag{11.12}$$

を計算して，当てはまる分布形の目安を付けることができる．すなわち，$C_s=0$ であれば対称な分布，$C_s>0$ なら右に歪んだ分布であり，逆に $C_s<0$ なら左に歪んだ分布となる（**図 11.5**）．

水文頻度解析では，通常2ないし3個の母数をもつ確率分布が用いられる．一般に，母数の個数が多くなればデータに対する適合度は良くなるが，母数推定が煩雑になる．対象とする水文量に対してある確率分布を想定しデータにそれを当てはめる際には適切な母数推定法を選択する必要がある．これまでの適用例では，すべての確率分布に対して最尤推定法を用いて母数推定を行った．最尤推定法は，いくつかの確率分布の母数推定において，不偏推定量，有効推定量を与えることが理論的に知られている．しかし，確率水文量の推定精度という観点からは，最尤推定法がいつも良い推定値を与えるとは限らない．このことは，多くの研究者によるモンテカルロ実験によって検証されている（例えば，文献14）をみよ）．

また，確率分布関数や標本サイズに応じて適切な母数推定法が異なることが知られている．極値理論に基づく Gumbel 分布については最尤法が，一般化極値（GEV）分布については確率加重積率（PWM）法（またはそれと等価な手法である L 積率法）が，50～300年確率水文量の良い推定値を与えるという知見が得

られている．宝・高棹も，3母数対数正規分布，Gumbel 分布，GEV 分布についてモンテカルロ実験により，これらの知見を追認している[15]．

a. 対数正規分布　正の値をとる変数 x が右に歪んだ分布をしているとき，対数変換を施した変量 $y = \ln(x-c)$ が正規分布に従うとみなしうることが多い．このとき x は対数正規分布（log-normal distribution）に従うという．対数正規分布の確率密度関数は3個の母数 λ, ζ, c をもち，

$$f(x) = \frac{1}{(x-c)\zeta\sqrt{2\pi}} \exp\left\{-\frac{1}{2}\left(\frac{\ln(x-c)-\lambda}{\zeta}\right)^2\right\} \quad (11.13)$$

である．変換変数 y は正規分布 $N(\lambda, \zeta^2)$ に従い，式（11.3）と同様に

$$s = \frac{y-\lambda}{\zeta} \quad (11.14)$$

とおけば，累積分布関数は式（11.10）で与えられる．

対数変換をするときに用いた c は，変数 x の下限値に相当する．$c=0$ とすると，母数は λ, ζ のみとなり，これを2母数対数正規分布という．これらの母数は，x を $y = \ln(x-c)$ として変数変換し，式（11.5）により推定する．3母数対数正規分布の母数推定法としては，岩井法[5,8]により下限値 c を推定し，λ, ζ を式（11.5）により推定するか，3つの母数すべてを最尤法によって求める方法などがある．この場合，下限値 c の値に注意する必要がある[15]．

b. Gumbel 分布　ある母集団から得られた1組の標本（1群のデータ）の中の最小値および最大値（いわゆる極値（extreme value））がどのような分布に従うかという問題を取り扱うのが極値統計論であり，Gumbel らによって詳細に検討された[3]．1940 から 1950 年代にかけて，最大値に関する第 I 種漸近分布が年最大洪水流量に良い適合性を得ることが Gumbel によって確かめられたので，この分布は Gumbel 分布とよばれるようになった．この分布を最初に誘導した Fisher と Tippett の名をとって FT-I 分布，あるいはその式形から二重指数分布とよばれることもある．

Gumbel 分布は，対数正規分布と同様に右に歪んだ標本に適用できる．その確率密度関数，累積分布関数はそれぞれ

$$f(x) = \frac{1}{a}\exp\left\{-\frac{x-c}{a} - \exp\left(-\frac{x-c}{a}\right)\right\} \quad (11.15)$$

$$F(x) = \exp\left\{-\exp\left(-\frac{x-c}{a}\right)\right\} \quad (11.16)$$

である．Gumbel 分布の母数推定法としては，最尤法または PWM 法を用いるのがよい[15]．母数 a, c が求まると，非超過確率 p に対する確率水文量（クオンタイル）x_p は，式 (11.16) $F(x_p) = p$ によって，次式で簡単に求められる．

$$x_p = F^{-1}(p) = c - a \ln\{-\ln p\} \tag{11.17}$$

c. 一般化極値 (GEV) 分布　　一般化極値分布 (generalized extreme-value distribution, GEV 分布) は，Jenkinson[16] によって提案されたもので，その累積分布関数 $F(x)$ は次式で与えられる．

$$F(x) = \begin{cases} \exp\left\{-\left(1 - k\dfrac{x-c}{a}\right)^{1/k}\right\}, & k \neq 0 \\ \exp\left\{-\exp\left(-\dfrac{x-c}{a}\right)\right\}, & k = 0 \end{cases} \tag{11.18}$$

母数は，k, a, c の3つである．この分布は，1975 年に Natural Environment Research Council によって，イギリス河川の日流量の年最大値の分布に推奨されて以来，イギリスでは水文頻度解析における重要な役割を担うようになった．母数 $k = 0$ のとき，GEV 分布は Gumbel 分布（最大値に関する第 I 種極値分布）に一致し，また，$k < 0, k > 0$ に対応する特別な場合が，それぞれ，第 II 種，第 III 種極値分布である．つまり，GEV 分布はこれらの極値分布を統合的に表現することができる．我が国では対数極値分布[8]として知られている．

一般化極値分布の母数推定法としては，線形積率法（L 積率法）あるいはそれと等価な確率加重積率 (PWM) 法を用いると良い[10]．標本サイズが大きくなると，最尤法も良い推定値を与える[15]．

d. 平方根指数型最大値分布　　江藤が一雨総雨量の年最大値の確率分布として提案したもので，その分布関数は次式で与えられる[13]．

$$F(x) = \begin{cases} 0 & (x < 0 \text{ のとき}) \\ \exp\{-\lambda(1 + \sqrt{\beta x})\exp(-\sqrt{\beta x})\} & (x \geq 0 \text{ のとき}) \end{cases} \tag{11.19}$$

この分布は，Gumbel 分布よりも右に長く尾を引く分布であり，飛び離れて大きなデータを含む標本に対して有用である．

e. Pearson III 型分布（ガンマ分布）と対数 Pearson III 型分布　　Pearson III 型分布（ガンマ (gamma) 分布ともよばれる）の確率密度関数は次式で与えられる．

$$f(x) = \dfrac{1}{|a|\Gamma(b)}\left(\dfrac{x-c}{a}\right)^{b-1}\exp\left(-\dfrac{x-c}{a}\right) \tag{11.20}$$

ここに, a, b, c は母数であり, Γ はガンマ関数である. 2 母数の場合は, $c=0$ とする. この分布は, $b=1$ のとき, 指数分布 (exponential distribution)

$$f(x) = \frac{1}{|a|}\exp\left\{-\frac{x-c}{a}\right\} \tag{11.21}$$

となる. ガンマ分布は, 母数 a の値によって, 右に歪む分布のみならず左に歪む分布も表現できる柔軟性を備えているので, 中国, ベトナムなどこれを水文頻度解析モデルの標準手法として採用している国もある.

対数 Pearson III 型分布の確率密度関数は次式で与えられる.

$$f(x) = \frac{1}{|a|x\Gamma(b)}\left(\frac{\ln(x-c)}{a}\right)^{b-1}\exp\left(-\frac{\ln(x-c)}{a}\right) \tag{11.22}$$

この分布は, 1967 年にアメリカの連邦水資源審議会 (U. S. Federal Water Resources Council) によって, 合衆国の洪水頻度解析の標準モデルとして推奨された. これらのガンマ分布系の分布は, 式中にガンマ関数を含むので母数推定に工夫が必要である[10].

11.3.2 図式推定法 (確率紙) による確率分布の当てはめ

2 母数の確率分布をデータに当てはめ, 母数や再現確率水文量の推定値を求める簡略な方法として, 確率紙 (probability paper) がしばしば用いられる. また, 解析的な方法で当てはめたときの適合度の検証にも用いられる. 確率紙は, 累積分布関数 $F(x)$ が直線になるように目盛られており, データを確率紙にプロットしたときに, それらが直線上にほぼ並んでいれば, その確率紙に対応する確率分布に従うものとみなす.

確率紙による確率分布モデルの当てはめは, 図式推定法 (graphical method) ともよばれる. その具体的な手順は次のようである.

Step 1 標本に含まれる N 個のデータを値が小さい順に並べ替え, これに改めて番号を付けて, 順序統計量 $x_1, x_2, \cdots, x_N$ とする.

Step 2 順序統計量を順次確率紙にプロットする. その際, i 番目の順序統計量 x_i の値を横軸に, x_i に想定する非超過確率 p_i の値を縦軸にとる

Step 3 プロットされたデータに適合するような直線 (平分線 (fair curve) とよばれる) を描く. この直線の位置, 傾きから分布の母数を推定する. また, この直線により再現期間 (リターンピリオド) の推定を行う.

これら一連の手順において以下の点に注意する必要がある．

a. プロッティング・ポジション　Step 2 の確率紙へのプロットについては，プロッティング・ポジションすなわち p_i の値をどう与えるかという問題がある．プロッティング・ポジションに関してはこれまで多くの研究者により議論されてきておりその主なものは次の形式で与えられる．

$$p_i = \frac{i-\alpha}{N+1-2\alpha} \tag{11.23}$$

ここに，α は $0 \leqq \alpha < 1$ なる定数で，その値により以下の諸公式として知られている．

① $\alpha = 0$　　　　Weibull 公式
② $\alpha = 0.5$　　　Hazen 公式
③ $\alpha = 0.44$　　Gringorten 公式
④ $\alpha = 0.375$　　Blom 公式
⑤ $\alpha = 0.4$　　　Cunnane 公式
⑥ $\alpha = 0.25$　　Adamowski 公式

ある特定の分布に対して適切な公式が存在する．たとえば，一様分布には ①，正規分布には ④，Gumbel 分布や指数分布には ③ がそれぞれ偏倚の小さい公式であるとされている．したがって，対象とする水文量の従う分布が事前にわかっていない場合は，種々の確率紙にプロットする際に，想定する確率分布に適した公式を用いてプロット位置を定めることが望ましい．なお，どの分布に対しても偏倚が大きくならないような折衷案的公式，言い換えると確率分布に依存しない公式（distribution-free formula）として Cunnane[17] により ⑤ が提案された．

順序統計学的考察によれば，i 番目の順序統計量 x_i の累積分布関数 $F(x_i)$ の期待値をとると $i/(N+1)$ となることが知られており，Gumbel の推奨もあって，① の Weibull 公式がプロッティング・ポジション公式としてしばしば用いられてきた．この公式は，我が国で長い間 Thomas 公式（トーマス・プロット）とよばれてきたものであるが，このプロッティング・ポジションを初めて提唱したWeibull（1939）の名にちなんで，近年では Weibull 公式とよび変えられている．ただし，Weibull 公式は，母数や確率水文量の推定に大きな偏りを与えることが確認されている．② は Hazen（1914）によって提案されたもので，Weibull 公式とともにしばしば用いられる．この式は確率分布の解析的な当てはめの方法に

b. 図式推定法（最小二乗法）　確率紙を用いた図式推定法では，Step 3 の手順における平分線の引き方が問題である．平分線を目視（eye-fit）によって引くと，主観が入り不正確なものとなる．特に，計画上重要な両端部に大きなズレが生じる．これに対してコンピュータ・ディスプレイ画面上に確率紙を実現し，データプロットの煩雑さ・不正確さを回避するとともに，最小二乗法により平分線の線引きの客観化を図る手法が提案されている[18]．

変数の値（あるいはそれを何らかの形に変換した変換変数）を y，それを規準化した変量（標準変量）を s とし，確率紙上で横軸に y，縦軸に s をとると，y 軸，s 軸は普通目盛りとなり，その確率紙に対応する確率分布は直線

$$s = a + by \tag{11.24}$$

で表されることになる．順序統計量 $x_1, x_2, \cdots, x_N$ が与えられたとき，それに対応する y, s を $y_i, s_i (i=1, \cdots, N)$ と記す．プロッティング・ポジション p_i に対応する標準変量を s_i^* と記すと

$$s_i^* = g(y_i) = g(F^{-1}(p_i)) \tag{11.25}$$

である．ただし，F はもとの分布関数 $F(x)$ を $F(y)$ に読み替えたものであり，F^{-1} は F の逆関数である．また，g は変量 y を標準変量 s に変換する関数である．

さて，$y-s$ 平面上に，点 (y_i, s_i^*) が N 個プロットされているとき，それらに当てはめる直線は最小二乗法によって求められる．すなわち，ε を誤差項として

$$s = a + by + \varepsilon \tag{11.26}$$

とおき

$$\xi^2 = \frac{1}{N}\sum_{i=1}^{N}\varepsilon_i^2 = \frac{1}{N}\sum_{i=1}^{N}(s_i - s_i^*)^2 \to \min \tag{11.27}$$

として，a, b の推定値 $\hat{a}, \hat{b}$ を求める．ここに，ε_i は $s_i = a + by_i$ と s_i^* との差である．こうして，平分線

$$s = \hat{a} + \hat{b}y \tag{11.28}$$

が客観的に決定される．この最小二乗法によって，図式推定法が客観化されることになる．**図 11.6** に，極値（Gumbel）確率紙上に Cunnane 公式（$\alpha = 0.4$）でプロットした年最大流量とそれに当てはめた Gumbel 分布の 1 例を示す[19]．

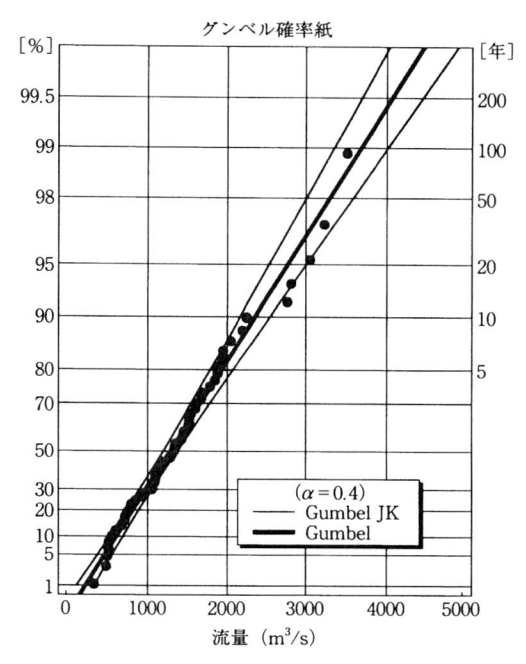

図 11.6 A川の年最大流量とGumbel分布およびそのジャックナイフ推定誤差（細い実線）[19]

11.3.3 適合度の客観的評価規準

データに当てはめた頻度解析モデルの適合度を客観的に評価するには，適合度を数量化するとわかりやすい．上述のようにして確率紙上で決定される平分線の場合，式（11.27）で最小化された平均二乗誤差 $\xi^2_{\min}$ がその適合度の指標となりうる．

しかしながら，分布形によって標準変量 s のとりうる値の範囲が異なるので，異なる分布形相互の適合度を比較するためには，$\xi^2_{\min}$ を何らかの形で標準化する必要がある．そこで，宝らは，次式のような標準化された適合度の評価規準 SLSC（標準最小二乗規準，standard least-square criterion）を提案した[18, 20]．

a. 標準最小二乗規準 (SLSC)

$$\text{SLSC} = \frac{\sqrt{\xi^2_{\min}}}{|s_{1-p} - s_p|} \tag{11.29}$$

ここに，s_{1-p}，s_p は，それぞれ非超過確率 $1-p$，p に対応する標準変量である．

データの個数が100個程度以下であればプロット点は非超過確率が0.01と0.99の範囲にほとんど入ることから，pの値は，通常$p=0.01$とする．確率紙上のその範囲の標準変量の縦距（式（11.29）の分母）を標準化のために導入したのである[18]．

SLSCの値が小さいほど良く適合していることになる．SLSCは異なる確率分布の適合度を比較する相対的な規準であるだけでなく，適合度の絶対的な規準でもあり，SLSC≈0.02であればかなり良い適合度を示す．SLSCは，確率紙にデータを表示したり，ヒストグラムと確率密度関数を描いたりすることなく，その値により適合度の良否の判定ができるという利点をもつ．

宝らは当初，降水量極値やいくつかの河川流量データに対する当てはめの結果を見て，SLSC>0.03であれば他の分布を試みるべきであるとしてきた．その後，全国68水系99地点の流量極値データに多数の確率分布を当てはめて検討した結果，この判定基準を満たす場合があまり多くないことがわかった[19]．これは，流量を水位から水位流量曲線（H-Q曲線）を用いて推定することにより生じる流量データの特性によるものである．河川流量極値データに対しては，SLSC＜0.04程度で良い適合を示していると考えてよい．図11.6の場合，太い実線があてはめたGumbel分布であり，この例では，SLSC＝0.023である．

b. 相関係数（COR） 順序統計量x_iに対する非超過確率p_iをプロッティング・ポジション公式で与える．これに対応する標準変量s_i^*と順序統計量x_iとの相関係数は適合度を評価する規準となる．

$$\text{COR} = \frac{\sum_{i=1}^{N}(x_i-\bar{x})(s_i^*-\bar{s}^*)}{\sqrt{\sum_{i=1}^{N}(x_i-\bar{x})^2} \cdot \sqrt{\sum_{i=1}^{N}(s_i^*-\bar{s}^*)^2}}$$

ここに，$\bar{x}$, $\bar{s}^*$はそれぞれx_i, s_i^*の平均である．CORが1に近いほど適合度が良いといえる．これは，Filliben（1975）によって提案された確率プロット相関係数（PPCC）にほかならない．

また，普通目盛りで，s_i^*を元の変量に変換した値を縦軸に，順序統計量x_iを横軸にとると，両者は原点を通り傾き1の直線の付近にプロットされる．これをQ-Qプロット（クオンタイル-クオンタイルプロット）という．相関係数CORは，このQ-Qプロットの直線性を数量化したものとみなせる．

SLSCとCORはだいたい一意的な関係にあり，十分な適合度と判断される

基準値 SLSC ≈ 0.02 に対応するのは COR ≈ 0.995, SLSC < 0.03 に対応するのは COR > 0.990 であることが知られている[21]. なお, SLSC < 0.04 に対応するのは COR > 0.980 である.

11.4 確率水文量の不確定性の定量化

年最大値などの極値水文量を取り扱う場合, データと分布全体の適合度も重要であるが, 分布の裾の部分の形状や適合度がより重視される. というのは, 分布の裾, すなわち非超過確率の大きい部分（渇水などの場合のように小さな値を対象とするときは, 超過確率の大きい部分）のわずかな形状の違いによって確率水文量の値がかなり異なってくるからであり, 実際の種々の水工計画の立案はこの確率水文量の値を基礎としてなされるからである.

したがって, データの蓄積が進んでも（いい換えると, データの組合せが異なっても）確率水文量の推定値が大きく変動しないような安定な頻度解析モデルが実用上望ましい. なぜならば, データの蓄積により確率水文量が大きく変動すると, その都度水工計画の大幅な見直しを要請されることになるからである.

11.4.1 確率水文量の推定精度

データに頻度解析モデルを当てはめたとき, 確率水文量 $\hat{x}_p$ の信頼区間（あるいは推定誤差）$\sqrt{\mathrm{Var}\{\hat{x}_p\}}$ が多数の分布について求められている[22, 23]. ただし, この $\sqrt{\mathrm{Var}\{\hat{x}_p\}}$ は, 標本サイズ, 確率分布形, 母数推定法, 母数推定値誤差の（共）分散に依存する. Gumbel 分布の場合, 推定誤差分散は次のように書くことができる.

$$\mathrm{Var}\{\hat{x}_p\} = \frac{\sigma^2}{N}\left\{1 + 1.1396(s_p-\gamma)\frac{\sqrt{6}}{\pi} + 1.1(s_p-\gamma)^2\frac{6}{\pi^2}\right\} \tag{11.30}$$

ここに, σ^2 は元の変量 X の母分散, N は標本の大きさ（データ数）, s_p は確率水文量 $\hat{x}_p$ に対応する標準変量, γ はオイラーの定数（0.5772…）である.

ジャックナイフ法やブートストラップ法といったリサンプリング法を適用するとデータから直接的に $\sqrt{\mathrm{Var}\{\hat{x}_p\}}$ を求めることができる. すなわち, 11.4.2 で述べる統計量 ϕ に確率水文量 $\hat{x}_p$ をとればよい.

11.4.2 ジャックナイフ法とブートストラップ法

確率水文量の変動性（推定精度）を調べるために，リサンプリング手法を適用する．リサンプリング手法とは，簡単にいうと，現在手元にある1組のデータセット（標本）から，部分的にデータを抽出したり，繰返しを許して元の標本と同じデータ個数だけ抽出したりという操作を反復して多数のデータセットをつくり出し，元の標本から得られる統計量の偏倚を補正したり，統計量の推定誤差を求めたりする手法である[24, 25]．このように多数のデータセットを生成し，それを統計処理して，解析的には解きにくい問題を解決しようとする手法は，近年コンピュータの発達とともに急速に進展しつつあり，CIS（computer intensive statistics, 計算機集約型統計学）という統計学の新たな1分野を形成している．

以下に，これら2つの方法の概略を示す．N個のデータ $x_1, x_2, \cdots, x_N$ を用いて，その母集団の特性を表わす量を推定する構造（統計量）を $\phi(x_1, x_2, \cdots, x_N)$ と記すことにする．

a. ジャックナイフ法

① N個のデータすべてを用いて統計量を求め，それを次のように記す．

$$\hat{\phi} = \phi(x_1, x_2, \cdots, x_N) \tag{11.31}$$

② i番目のデータを除いた $N-1$個のデータを用いて統計量を求めそれを

$$\hat{\phi}_{(i)} = \phi(x_1, x_2, \cdots, x_{i-1}, x_{i+1}, \cdots, x_N) \tag{11.32}$$

と記す．$\hat{\phi}_{(i)}$ は全部で N個（$i=1, 2, \cdots, N$）求められる．

③ 次式により $\hat{\phi}_{(i)}$ の平均値 $\hat{\phi}_{(\cdot)}$ を求める．

$$\hat{\phi}_{(\cdot)} = \frac{1}{N} \sum_{i=1}^{N} \hat{\phi}_{(i)} \tag{11.33}$$

④ 結局，偏りを補正した統計量 ϕ と分散のジャックナイフ推定値はそれぞれ，次の式で求められる．

$$\hat{\phi}_J = N\hat{\phi} - (N-1)\hat{\phi}_{(\cdot)} \tag{11.34}$$

$$\hat{s}_J^2 = \frac{N-1}{N} \sum_{i=1}^{N} (\hat{\phi}_{(i)} - \hat{\phi}_{(\cdot)})^2 \tag{11.35}$$

b. ブートストラップ法

① N個のデータ $x_1, x_2, \cdots, x_N$ から繰返しを許して N個とり出し，それを $x_1^*, x_2^*, \cdots, x_N^*$ と記す．この1組の標本をブートストラップ標本という．ブートストラップ標本を用いて統計量を求め，それを次のように記す．

$$\phi^* = \phi(x_1^*, x_2^*, \cdots, x_N^*) \tag{11.36}$$

② ①の操作を独立に多数回(B回)繰り返す.すなわち,全部でB個のブートストラップ標本それぞれに対して,ϕ^*を求める.第b番目のブートストラップ標本に対して得られた統計量を便宜上ϕ^{*b}と記す($b=1, 2, \cdots, B$).

③ 統計量ϕおよびその分散のブートストラップ推定値を次式により求める.

$$\hat{\phi}_B^* = \frac{1}{B} \sum_{b=1}^{B} \phi^{*b} \tag{11.37}$$

$$\hat{s}_B^2 = \frac{1}{B-1} \sum_{b=1}^{B} (\phi^{*b} - \hat{\phi}_B^*)^2 \tag{11.38}$$

11.4.3 リサンプリング手法による確率水文量の推定精度評価

式(11.30)によって得られる$\sqrt{\mathrm{Var}\{\hat{x}_p\}}$とリサンプリング法によって得られるそれとが,どれくらい違いがあるかについていくつかの実データと理論的な数値実験によって調べたところ,後者の方が若干小さい値を与えることがわかった[21].図11.6は,河川流量にあてはめたGumbel分布のジャックナイフ推定誤差を示している.すなわち,左側の縦軸の非超過確率$F=p$に対して,横方向にみていって太い実線と交わるところが,Gumbel分布を当てはめたときのジャックナイフ推定値,その両側の細い線までの横方向の距離がジャックナイフ推定誤差に相当する.

Lettenmaier and Burges[26]は,式(11.30)が数値実験の結果よりも大きめの値を与えると指摘している.このこととあわせて考えると,ジャックナイフ法は確率水文量の推定誤差を適切に見積もることができるといえる.また,ブートストラップ法によっても,ジャックナイフ法と同程度の推定値および推定誤差が求められる.ジャックナイフ法の場合,生成するジャックナイフ標本の個数はNであるが,ブートストラップ法を適用する場合,生成するブートストラップ標本の個数Bをどの程度にするかという問題がある.宝らの経験によれば,$N<100$程度の大きさのデータセットに対して$B=1,000$〜$1,500$程度とればよい.

参 考 文 献

1) 国土交通省河川局(監修)・独立行政法人土木研究所(編著):水文観測,平成14年版,社団法人全日本建設技術協会(2002).

2) 牛山素行（編）：身近な気象・気候調査の基礎，古今書院，195 pp.（2000）．
3) Gumbel, E. J.: *Statistics of Extremes*, Columbia Univ. Press, 375 pp.（1958）．（河田竜夫・岩井重久・加瀬滋男（監訳）：極値統計学－極値の理論とその工学的応用－，第5版，生産技術センター新社，404 pp.（1983）．
4) 岩井重久：水文学における非対称分布に就て，土木学会論文集，第1, 2号合併号，pp. 93-116（1947）．
5) 岩井重久：Slade型分布の非対称性の吟味及びその2, 3の解法，土木学会論文集，**4**，pp. 84-104（1949）．
6) 岩井重久：確率洪水推定法とその本邦河川への適用，統計数理研究，**2**（3），pp. 21-36（1949）．
7) 石原藤次郎・岩井重久：水文統計学上より見た本邦河川計画の合理化について，土木学会誌，**34**（4），pp. 24-29（1949）．
8) 角屋　睦：水文統計論，水工学シリーズ，土木学会水理委員会，64-02, 59 pp（1964）．
9) 岩井重久・石黒政儀：応用水文統計学，森北出版，370 pp.（1970）．
10) 竹内邦良・宝　馨・寺川　陽・星　清・江藤剛治：水文リスク解析，水文・水資源ハンドブック，第7章，水文・水資源学会（編），朝倉書店，pp. 228-255（1997）．
11) 宝　馨：水文頻度解析の進歩と将来展望，水文・水資源学会誌，**11**（7），pp. 740-756（1998）．
12) 神田　徹・藤田睦博：水文学－確率論的手法とその応用－，技報堂出版，275 pp（1982）．
13) 江藤剛治・室田　明・米谷恒春・木下武雄：大雨の頻度，土木学会論文集，**369**/II-5，pp. 165-174（1986）．
14) Takara, K. T. and Stedinger J. R.,: Recent Japanese contributions to frequency analysis and quantile lower bound estimators, *Stochastic and Statistical Methods in Hydrology and Environmental Engineering*, **I**, (Ed.) K.W. Hipel, Kluwer Academic Publishers, pp. 217-234（1994）．
15) 宝　馨・高棹琢馬：水文頻度解析モデルの母数推定法の比較評価，水工学論文集，土木学会，**34**，pp. 7-12（1990）．
16) Jenkinson, A. F.: The Frequency Distribution of the Annual Maximum (or Minimum) Values of Meteorological Elements, *Quarterly Journal of the Royal Meteorological Society*, **81**, pp. 158-171（1955）．
17) Cunnane, C.: Unbiased Plotting Positions－A Review, *Journal of Hydrology*, **37**, pp. 205-222（1978）．
18) 高棹琢馬・宝　馨・清水　章：琵琶湖流域水文データの基礎的分析，京都大学防災研究所年報，**29**（B-2），pp. 157-171（1986）．

19) 田中茂信・宝 馨：河川流量の頻度解析における適合度と安定性の評価，水工学論文集，土木学会，**43**，pp. 127-132 (1999).
20) 宝 馨・高棹琢馬：水文頻度解析における確率分布モデルの評価規準，土木学会論文集，**393**/II-9，pp. 151-160 (1988).
21) 宝 馨・高棹琢馬："水文頻度解析における確率分布モデルの評価規準"への合田良実の討議に対する回答，土木学会論文集，**405**/II-11，pp. 267-272 (1989).
22) Kite, G. W.：Frequency and Risk Analyses in Hydrology, *Water Resources Publications*, Fort Collins, Colorado, U. S. A., 224 pp. (1977).
23) Stedinger, J. R., Vogel, R. M. and Foufoula-Georgiou, E.：Frequency Analysis of Extreme Events, Chap. 18, *Handbook of Hydrology*, (Ed.) D. R. Maidment, McGraw-Hill, New York, pp. 18.1-18.66 (1993).
24) Efron, B.：Computers and the theory of statistics — Thinking the unthinkable, *SIAM Review*, **21** (4) pp. 460-480 (1979).
25) Efron, B.：The jackknife, the bootstrap and other resampling plans, *SIAM Monograph*, **38**, 92 pp. (1982).
26) Lettenmaier, D. P. and Burges, S. J.：Gumbel's extreme value 1 distribution — a new look, *Proc. ASCE*, **108** (HY4), pp. 502-514 (1982).

付録 A　準線形偏微分方程式の解法

独立変数 x, y の関数 $z(x, y)$ に関する偏微分方程式

$$a(x, y, z)\frac{\partial z}{\partial x} + b(x, y, z)\frac{\partial z}{\partial y} = c(x, y, z) \tag{A.1}$$

の解法を考える．この式には，1階偏微分 $\partial z/\partial x, \partial z/\partial y$ しか現れないので，1階偏微分方程式である．また，この偏微分方程式は，$\partial z/\partial x, \partial z/\partial y$ の1次式であるので，準線形偏微分方程式とよばれる．準線形であって線形でないのは，$\partial z/\partial x, \partial z/\partial y$ の係数 a, b が z によって変化する場合を考えているためである．係数 a, b が z に依存せず，c が z の1次式であれば，線形の偏微分方程式である．

式（A.1）の解 $z = Z(x, y)$ が与えられていると仮定してみる．その $Z(x, y)$ を用いて，連立常微分方程式

$$\frac{d\bar{x}}{ds} = a(\bar{x}, \bar{y}, Z(\bar{x}, \bar{y})) \tag{A.2}$$

$$\frac{d\bar{y}}{ds} = b(\bar{x}, \bar{y}, Z(\bar{x}, \bar{y})) \tag{A.3}$$

を考える．$\bar{x}, \bar{y}$ は，独立変数 $s \geqq 0$ の関数で，初期条件

$$\bar{x}(0) = x_0, \quad \bar{y}(0) = y_0 \tag{A.4}$$

を満たすとする．この常微分方程式を満たす解 $\{\bar{x}(s), \bar{y}(s), s \geqq 0\}$ によって定まる xy 平面上の曲線を l_0 と表す．解曲面 $z = Z(x, y)$ の上にある曲線で，xy 平面に投影したとき曲線 l_0 になるような曲線を l とする．

曲線 l の座標を s をパラメータとして表して $\bar{z}(s)$ と書くと，

$$\bar{z}(s) = Z(\bar{x}(s), \bar{y}(s)) \tag{A.5}$$

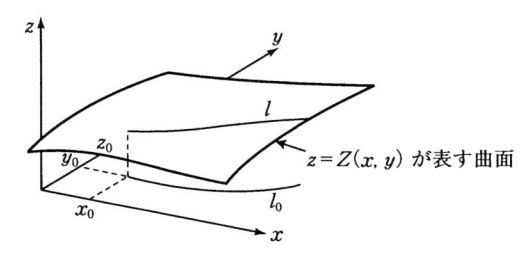

図 A.1　特性曲線 l と特性基礎曲線 l_0

となる．ここで，$d\bar{z}/ds$ を計算してみる．式（A.5）から，

$$\frac{d\bar{z}}{ds} = \frac{\partial Z}{\partial x}\frac{d\bar{x}}{ds} + \frac{\partial Z}{\partial y}\frac{d\bar{y}}{ds} \quad [合成関数の微分法]$$

$$= a(\bar{x}, \bar{y}, Z(\bar{x}, \bar{y}))\frac{\partial Z}{\partial x} + b(\bar{x}, \bar{y}, Z(\bar{x}, \bar{y}))\frac{\partial Z}{\partial y} \quad [式（A.2），（A.3）を代入]$$

$$= c(\bar{x}, \bar{y}, Z(\bar{x}, \bar{y})) \quad [z = Z(x, y)\text{ が式（A.1）の解であるから}] \quad (A.6)$$

が得られる．よって，$\{\bar{x}(s), \bar{y}(s), \bar{z}(s), s \geq 0\}$ は，式（A.2），（A.3），（A.5），（A.6）から，微分方程式

$$\frac{d\bar{x}}{ds} = a(\bar{x}, \bar{y}, \bar{z}) \tag{A.7}$$

$$\frac{d\bar{y}}{ds} = b(\bar{x}, \bar{y}, \bar{z}) \tag{A.8}$$

$$\frac{d\bar{z}}{ds} = c(\bar{x}, \bar{y}, \bar{z}) \tag{A.9}$$

と，初期条件

$$\bar{x}(0) = x_0, \ \bar{y}(0) = y_0, \ \bar{z}(0) = z_0 \tag{A.10}$$

を満たすことがわかる．式（A.7）〜（A.10）は，それだけで，x, y, z 空間内の曲線を特定するものであり，式（A.7）〜（A.10）自体には，その式を誘導する際に仮定した解曲面の式 $Z(x, y)$ が現れていないことに注意しよう．

式（A.7）〜（A.10）を解いて得られる曲線は，解曲面の上にあるのだから，最初から，微分方程式（A.7）〜（A.10）を解けば，解曲面の上の曲線を求めることができることになる．

微分方程式（A.7）〜（A.9）を特性微分方程式，特性微分方程式の解曲線 l を特性曲線，特性曲線を x, y 平面に投影した曲線 l_0 を特性基礎曲線とよぶ．特性基礎曲線も特性曲線とよぶことがある．特性微分方程式（A.7）〜（A.9）を形式的に

$$\frac{dx}{a(x, y, z)} = \frac{dy}{b(x, y, z)} = \frac{dz}{c(x, y, z)} \quad (= ds) \tag{A.11}$$

と表すこともある．

付録B　強制復元法（force-restore method）による地中温度の計算

地表面温度を予測するために強制復元法[1]による計算式

$$c_g \frac{dT_s}{dt} = R_n - H - \lambda E - \omega c_g (T_s - T_d)$$

がしばしば用いられる．ここで c_g は土層の有効熱容量，T_s は地表面温度，T_d は深さ d の土層全体の平均温度，t は時間，R_n は純放射量，H は顕熱輸送量，λE は潜熱輸送量，ω は T_s の周期を表す角周波数である．この式を導出しよう．

土層が均一で熱の移動は鉛直方向にのみ発生すると仮定する．z を鉛直下向きに取り，土中の温度を $T(t, z)$ とすると熱伝導方程式は次式で与えられる．

$$c \frac{\partial T}{\partial t} = \lambda \frac{\partial^2 T}{\partial z^2} \tag{B.1}$$

c は土層の熱容量，λ は熱伝導係数である．式（B.1）は単位面積当りの熱量の移動強度（heat flux）q に関する式

$$q(t, z) = -\lambda \frac{\partial T}{\partial z} \tag{B.2}$$

を熱源がない場合の熱量の連続式

$$c \frac{\partial T}{\partial t} + \frac{\partial q}{\partial z} = 0 \tag{B.3}$$

に代入することにより得られる．

地表面温度 $T_s(t) = T(t, 0)$ が次のような正弦波形で与えられているとする．

$$T_s(t) = \overline{T} + \Delta T_s \sin(\omega t) \tag{B.4}$$

$\overline{T}$ は日平均温度，ΔT_s は振幅，$\omega > 0$ は1日を周期とする角周波数である．この境界条件式（B.4）を満たす式（B.1）の解は

$$T(t, z) = \overline{T} + \Delta T_s \exp(-z/D) \sin(\omega t - z/D) \tag{B.5}$$

で与えられる．$z = 0$ のときにこの式は式（B.4）と一致し，境界条件を満たしていることがわかる．また，式（B.5）から $\partial T/\partial t$，$\partial^2 T/\partial z^2$ を計算し，式（B.1）に代入すると

$$D = \sqrt{\frac{2\lambda}{c\omega}} \tag{B.6}$$

とおけば，式 (B.5) は式 (B.1) を満たすことがわかる．D は長さの次元をもつ定数である．

深さ z の地点における鉛直下方への熱の移動強度 q は式 (B.2) で与えられるので，式 (B.5) を用いると

$$q(t, z) = \frac{\lambda}{D} \Delta T_s \exp(-z/D) \{\sin(\omega t - z/D) + \cos(\omega t - z/D)\} \tag{B.7}$$

が得られる．ここで，

$$\Delta T_s \exp(-z/D) \sin(\omega t - z/D) = T - \overline{T} \tag{B.8}$$

$$\Delta T_s \exp(-z/D) \cos(\omega t - z/D) = \frac{1}{\omega} \frac{\partial T}{\partial t} \tag{B.9}$$

と記述できることに注意しよう．式 (B.8) は式 (B.5) から，式 (B.9) は式 (B.5) から $\partial T/\partial t$ を求めることによって得られる．式 (B.8), (B.9) を使うと式 (B.7) は

$$q = \frac{\lambda}{D} \left(T - \overline{T} + \frac{1}{\omega} \frac{\partial T}{\partial t} \right) \tag{B.10}$$

と書くことができる．式 (B.10) は式 (B.4) という特別な境界条件のもとで得られたものであり，この場合，式 (B.7) に示すように q は三角関数で表され周期的に振動する．ところが，式 (B.10) のように記述すると q の表現式に三角関数が現れない．そこで，厳密には式 (B.4) が成立しなくても，式 (B.10) を q を求める場合の近似式として一般に用いることにする．式 (B.2) は，q を T の空間座標に関する偏微分方程式で表現しているのに対し，式 (B.10) は T の時間座標に関する偏微分方程式となっていることに注意しよう．

次に，地表面から深さ L までの土層の平均的な温度を T_M と表すと

$$T_M(t, L) = \frac{1}{L} \int_0^L T(t, z) dz \tag{B.11}$$

である．熱量の連続式から

$$\frac{d}{dt}(cLT_M(t, L)) = q(t, 0) - q(t, L) \tag{B.12}$$

が成り立つ．これは，深さ L の土層に貯えられた熱量の時間変化量は，地表面と深さ L の土層面から出入りする熱量フラックスの総和に等しいという式である．この $q(t, z)$ に対して近似式 (B.10) を代入すると

$$cL\frac{d}{dt}T_M(t, L) = q(t, 0) - \frac{\lambda}{D}\left\{T(t, L) - \overline{T} + \frac{1}{\omega}\frac{d}{dt}T(t, L)\right\} \tag{B.13}$$

が得られる．ここで，L が非常に薄く $T_M(t, L) = T(t, L)$ とすることができるとすると，式 (B.13) から

$$\left(cL + \frac{\lambda}{D\omega}\right)\frac{d}{dt}T(t, L) = q(t, 0) - \frac{\lambda}{D}\{T(t, L) - \overline{T}\} \tag{B.14}$$

となる．このとき L は十分小さく $T(t, L)$ は地表面温度 $T_s(t) = T(t, 0)$ と近似できるとすれば，上式は

$$\frac{\lambda}{D\omega}\frac{d}{dt}T_s(t) = q(t, 0) - \frac{\lambda}{D}(T_s(t) - \overline{T}) \tag{B.15}$$

となる．$q(t, 0)$ は地表面における熱フラックスを表すので

$$q(t, 0) = R_n - H - \lambda E \tag{B.16}$$

である．したがって

$$c_g = \frac{\lambda}{D\omega} = \sqrt{\frac{c\lambda}{2\omega}} \tag{B.17}$$

とおけば式 (B.15) は

$$c_g\frac{dT_s}{dt} = R_n - H - \lambda E - \omega c_g(T_s - \overline{T}) \tag{B.18}$$

となり，地表面温度の予測式が得られる．もともとの式 (B.1) は $T(t, z)$ に関する偏微分方程式であるのに対し，式 (B.18) は T_s に関する時刻 t の常微分方程式である．

さらに地表面の日平均温度 $\overline{T}$ をある深さ d の土層全体の平均温度 T_d と置き換えることができるとすれば

$$c_g\frac{dT_s}{dt} = R_n - H - \lambda E - \omega c_g(T_s - T_d) \tag{B.19}$$

が得られる．深さ d では $\exp(-z/D) \ll 1$ となるようにとると，式 (B.7) より $q(t, d) \ll 1$ としてよいので

$$c_d\frac{dT_d}{dt} = R_n - H - \lambda E \tag{B.20}$$

が得られる．ここで $T_d(t) = T_M(t, d)$ である．また T_d が年周期をもち，ω' をその角周波数とすると

付録B　強制復元法（force-restore method）による地中温度の計算

$$c_d = \sqrt{\frac{c\lambda}{2\omega'}} \tag{B.21}$$

となる．1年を365日とすると $\omega = 365\omega'$ なので式 (B.17), (B.21) から

$$c_d = \sqrt{365}\, c_g \tag{B.22}$$

が得られる．なお，式 (B.20) では，T_d を地表面から $q(t, z) = 0$ としてもよい層までの平均温度と考えているが，第9章で紹介したSiB (simple biosphere model)[2] では，T_d をある厚さの地表層の下から $q(t, z) = 0$ としてもよい層までの平均温度と考えている．この場合この土層には，表層から $\omega c_g (T_s - T_d)$ の熱フラックスが供給されると考え

$$c_d \frac{dT_d}{dt} = \omega c_g (T_s - T_d) \tag{B.23}$$

としている．式 (B.22) を用いれば式 (B.23) は

$$\frac{dT_d}{dt} = \frac{\omega}{\sqrt{365}} (T_s - T_d) \tag{B.24}$$

となる．

参 考 文 献

1) Bhmralker, C. N.：Numerical experiments on the computation of ground surface temperature in an atmospheric general circulation model, *Journal of Applied Meteolorogy*, **14**, pp. 1246-1258 (1975).
2) 佐藤信夫・里田　弘：生物圏と大気圏の相互作用，気象庁数値予報課報告「力学的長期予報をめざして」第一章，別冊第35号，pp. 4-73 (1989).

付録C　代表的な流出モデル

第9章では，物理的な水文素過程を構成要素とする分布型物理流出モデルを中心に解説した．ここでは実用上用いられている代表的な流出モデルを示す．

C.1　流出モデルの分類

流出モデルの目的は9章で述べたとおりであり，実用上，目的によって異なるモデルを用いる．洪水予測を目的とする場合を考えてみよう．洪水災害を引き起こす豪雨は2日間で200 mm以上を記録することがしばしばである．一方で，蒸発散量は夏季の最も蒸発しやすい条件のもとで1日6 mm程度であるため，我が国の洪水流量を推定する場合は洪水期間中の蒸発散量を重視する必要はない．この場合，流域のある対象地点での河川流量を予測する流出モデルを考えると，降雨から河川流量への変換過程は以下のように表すことができる．

$$Q(x, y, t) = f(R(x, y, t),\ 地形,\ 土地利用,\ 地質,\ 初期の水分状態) \quad (C.1)$$

ここで$Q(x, y, t)$は対象地点の位置x, y，時刻tでの河川流量，$R(x, y, t)$は対象地点降水量，fは降雨から河川流量への変換過程を表現する流出モデルを表す．

$R(x, y, t)$は時刻t以前に対象地点よりも上流で発生した降雨を表しており，降雨の時間・空間的な分布の仕方が河川流量に影響を与える．また同じ降水量でも，地形や土地利用，地質が異なれば河川流量は異なる．たとえば，土地利用が森林から都市に変化すれば，洪水時の最大流量は一般により大きくなる．さらに，同じ降水強度でも，直前に大きな降雨があって流域が湿った状態にあるか，それとも乾いた状態にあるかによって洪水の発生の仕方は異なるはずである．したがって，洪水を対象とする流出モデルは少なくとも式（C.1）で表される形式を備えている必要があることがわかる．一方，河川流量を長期的に予測することを考えると，蒸発散量が河川流量を支配する大きな要因となる．この場合は，気温や日射量，風速なども流出モデルに与えられねばならない重要な情報となる．

このように，流出モデルは目的によって重点を置く水文素過程が異なり，それに応じて必要とする情報も異なる．また，ある対象地点一地点だけの河川流量を予測することを目的とするのか，流域内部の水分状態の時空間的な変動を予測することを目的とするのかによっても異なる形式の流出モデルを用いる必要があ

```
○ 予測期間からみた分類
  • 短期流出モデル（洪水流出モデル）
  • 長期流出モデル（流況予測モデル）
○ 降雨－流出の応答の考え方からみた分類
  • 応答モデル（入出力の応答関係をもとに降雨流出の関係式を構成するモデル）
  • 概念モデル（現象を概念的に捉え降雨流出の関係式を構成するモデル）
  • 物理モデル（物理的な法則に基づいた基礎式から降雨流出の関係式を構成するモデル）
○ モデルの空間的な構成方法からみた分類
  • 集中定数系モデル
  • 分布定数系モデル
```

図 C.1 流出モデルの分類

る．図 C.1 に流出モデルの分類の例を示す．以下，その分類について解説する．

（1）短期流出モデルと長期流出モデル

短期流出モデル（short-term rainfall-runoff model）とは，その言葉のとおり数時間から数日の流出現象を再現・予測するモデルをいう．日本の流域を対象として考えると，短期流出モデルと洪水流出モデルとは同じ意味で用いられ，数日の河川流量を 1 時間単位またはそれよりも短い時間単位で再現・予測することが目的となる．この場合の流出モデルは，降雨から河川流量の変換過程，つまり斜面流出過程と河道網での流れのモデル化が流出モデルの主要部分となり，蒸発散過程はモデルに導入しないことが多い．

一方，数か月から年単位の長期の流況を再現・予測することを目的とする長期流出モデル（long-term rainfall-runoff model）では，積雪・融雪や蒸発散の過程を適切にモデルに反映させることが重要となる．長江やメコン河など大陸の大河川流域の河川流量を予測する場合は，数か月単位で河川流量が変動するため，洪水流出だけを目的としたモデルはありえず，すべての水文素過程を考慮した流出モデルが必要となる．

（2）応答モデルと概念モデル，物理モデル

降雨流出モデルを例にとると，モデルへの入力は降雨強度，モデルからの出力は流出量となる．応答モデルとはこの入出力関係に着目し，時系列モデルなどを用いて降雨強度と河川流量との関係を定めようとするモデルである．後で述べる単位図法もこの範疇に含まれる．降雨から流量への物理的な変換構造を考えない

ことから black box model とよばれることもある．

概念モデル（conceptual model）とは，降雨 - 流量の変換過程を概念的に表現するモデルである．代表的な概念モデルとしては後で説明するタンクモデル（tank model）がある．タンクモデルでは，側方と下方に流出孔をもつタンクを連ねたタンク群を考え，上部タンクの流出孔からの流出を地表面からの早い流出，下部タンクからの流出を地下水からの遅い流出と考えて，それらの総和を河川流量とする．概念モデルは，過去の長期間の降雨と河川流量のデータが存在し，適切にモデルパラメータを決定することができれば，比較的精度よく河川流量を再現・予測することができる．また計算負荷が小さいために，実時間での予測にもしばしば用いられている．

応答モデルや概念モデルはデータに依存するいわゆる data driven model であり，水文データが長期間にわたって存在し，将来も流域環境が変化しないことを前提とする．そのため土地利用の変化など流域環境が大きく変化した場合に洪水の発生の仕方や水循環がどのように変化するかといった問題に対処することは難しい．これに対応するためには，土地利用や流域環境の変化を適切にモデルに表現することができる流出モデルが必要となる．つまり，流域環境の変化をモデルに反映させるために，水や汚染物質の移動を物理的な機構のもとに表現するモデルが必要となる．第7章で述べたキネマティックウェーブモデルは粗度係数や土層厚などの物理的なパラメータを導入して雨水の流れを表現しており，土地利用の変化をそれらのパラメータの値の変化によりモデルに反映させることができる．こうしたモデルは物理モデル（physically-based model）とよばれる．

（3）集中定数系モデルと分布定数系モデル

ある対象地点の予測値が重要であり流域内の詳細な雨水や汚染物質の移動を知る必要がない場合，対象地点上流の流域を単位として流出過程を流域全体で平均化してモデル化することがしばしば行われる．流出モデルへの入力は，流域平均の降水量であり，それが流域下端の河川流量に変換される過程がモデル化される．（2）で述べた応答モデルや概念モデルがこのカテゴリーに分類され，集中定数系モデル（lumped parameter model）とよばれる．集中定数系モデルはモデル式に空間座標が反映されず，通常，時間を独立変数とする常微分方程式で表現される．

一方，最近は雨水や汚染物質が空間的にどのように発生し移動するかを知る

ことが求められるようになってきており，流域内の水文量の時空間分布を再現・予測する物理モデルの開発が進んでいる．これらのモデルは分布定数系モデル (distributed parameter model) とよばれ，時間と空間を独立変数とする偏微分方程式で表わされる．レーダー雨量計による降雨の詳細な時空間観測データや流域地形，土地利用の数値データを取り込むことによって，より精度の高い水文予測を目指している．

C.2 代表的な流出モデル

代表的な流出モデルとして合理式，単位図法，タンクモデル，貯留関数法，雨水流法を説明する．ここで取り上げるモデルを図 C.1 に従って分類すると**表 C.1** のようになる．なお，合理式は洪水時のピーク流量を予測するために使われる手法であり，雨水から流量への変換過程を表現するものではないが，中小流域での河川計画や下水道の計画に用いられているため，この節で取り上げる．

(1) 合 理 式

流域に入る降水量と流域下端からの河川流量とが等しくなる状態を仮定することで得られる次式を合理式 (rational formula) とよぶ．

$$Q = \frac{1}{3.6} fRA \tag{C.2}$$

Q は対象地点での河川流量 (m^3/s)，R は到達時間内の平均降水強度 (mm/hr)，A は流域面積 (km^2) である．f は流出係数とよばれる 1 以下の無次元の係数であり，遮断や浸透によって河川流量に寄与しない雨水を表現する．1/3.6 は単位を変換するための係数である．

合理式は，降雨が一定強度で降り続き，流量が最大となる状態に到達する時点での降雨強度と流量との関係を表している．理論的には第 7 章で解説したキネマ

表 C.1 代表的な流出モデルの分類

モデル	予測期間からみた分類	降雨-流出の応答の考え方からみた分類	モデルの空間的な構成方法からみた分類
合理式	ピーク流量	応答モデル	集中型モデル
単位図法	短期／長期	応答モデル	集中型モデル
タンクモデル	短期／長期	概念モデル	集中型モデル
貯留関数法	短期	概念モデル	集中型モデル
雨水流法	短期	物理モデル	分布型モデル

R：降水量（mm/hr）

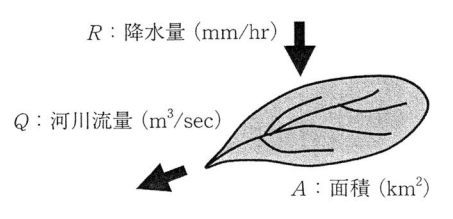

Q：河川流量（m^3/sec）

A：面積（km^2）

図 C.2 合理式の概念

ティックウェーブモデルで明らかなように，一定強度で降雨が継続する場合に斜面上端を発した特性曲線が斜面下端に到達する時刻以降の状態で成立する式である．したがって，洪水ピークに到達するまでに時間を要し，その間に降水量が大きく変化することが想定される大河川流域には適用することはできない．通常，数 10 km^2 以下の小流域の水工施設の設計に用いられる．

（2）単 位 図 法

単位図法（unit hydrograph）は Sharman[1] によって提案された流出モデルであり，有効降雨（森林遮断や窪地貯留などを差し引いた洪水に直接寄与する降雨）から流域下端の河川流量への変換過程を，以下の線形仮定を導入して表現する．

(a) 単位時間の降雨により発生する流出の発生から消失までの時間は降雨強度によらず一定である．

(b) 単位降雨の a 倍の降雨による流出は，単位図を a 倍したハイドログラフとなる．

(c) 単位時間の降雨に対して（b）で得られるハイドログラフを合成することで全体のハイドログラフが得られる．

図 C.3 に単位図を用いて流量を求める過程を示す．単位図法の基本式は以下のとおりである．

$$q(t) = \int_0^\infty h(\tau) r_e(t-\tau) d\tau, \quad \int_0^\infty h(\tau) d\tau = 1 \tag{C.3}$$

ここで $q(t)$ は時刻 t の計算流量，$r_e(t)$ は有効降雨，$h(t)$ は単位図を表す．単位図法は米国の平坦な大流域を対象として開発された．我が国のように地形が急峻で洪水流出が速い山地小流域では降雨と流出の間に非線形性が強く現れる．石原・高棹[2] は水理学的な考察により，我が国での単位図法の適用の難しいことを

図 C.3 単位図法

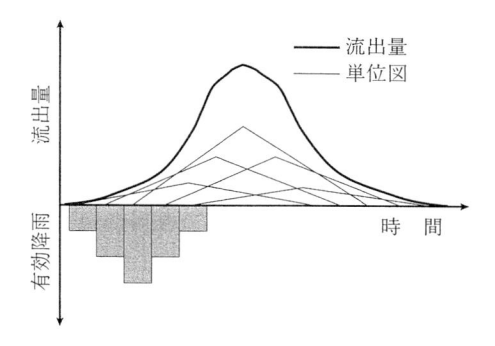

明らかにしている．

(3) タンクモデル

菅原[3]によって提案された概念モデルである．短期流出から長期流出まで多くの適用例がある．タンクモデルの基本的な構造を**図 C.4**に示す．タンクの側方と底に流出孔を設定し，タンクを直列に配置して流出を再現する．タンクの個数や流出孔の個数など非常に多くのバリエーションがあるが，我が国では**図 C.4**のような4段直列タンクがよく使用されている．1段目のタンクに蓄えられる貯水量を s_1，タンク側方の上の流出孔からの流出量を o_{11}，下の流出孔からの流出量を o_{12}，タンク底部の浸透孔からの流出を o_{13} とすると，1段タンクの雨水流出は次式のようにモデル化される．

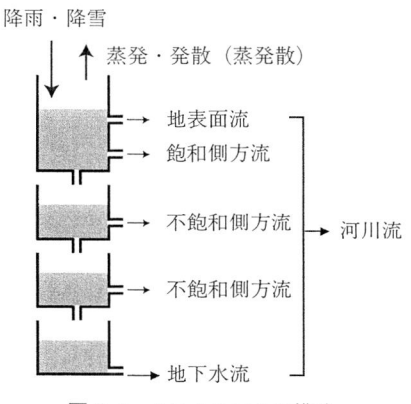

図 C.4 タンクモデルの構造

$$\frac{ds_1}{dt} = r - o_{11} - o_{12} - o_{13} - e \tag{C.4}$$

$$o_{11} = k_{11}(s_1 - h_{11}), \quad o_{12} = k_{12}(s_1 - h_{12}), \quad o_{13} = k_{12}s_1$$

ここで r は 1 段目タンクに与えられる降水量，e は 1 段目タンクからの蒸発散量である．h_{11}, h_{12} はタンク側方の流出口の高さであり，貯留量 s_1 がこれらの高さ以上に蓄えられているときにその差に比例して流出が発生すると考える．k_{11}, k_{12}, k_{13} はそれぞれの流出孔に対する比例定数である．2 段目以降のタンクについても同様の常微分方程式を考え，それらを連立させて解く．得られた側方流出孔からの流量の総和を河川流量と考える．

図 C.4 の構造をもつタンクモデルのパラメータの個数は側方流出孔の高さ 4 個，比例係数 8 個の合計 12 個となり，パラメータの同定は容易ではない．しかし，いったん適切なパラメータ値を同定することができれば，流量の再現性は高い．

(4) 貯留関数法

貯留関数法は非線形の貯水池モデルであり，木村の貯留関数法[4]などいくつかの方法がある．我が国では実務において多くの河川でこのモデルが用いられている．**図 C.5** のように貯留高を s，有効降雨強度を r_e，直接流出高を q とすると，有効降雨の算定式を流れのモデルから分離した貯留関数法は以下の連続式，貯留高と流出高との関係式，有効降雨強度の算定式から構成される．

$$\frac{ds}{dt} = r_e(t - T_L) - q$$

$$s = kq^p \tag{C.5}$$

$$r_e = fr$$

r は観測降雨強度，f は流出率である．f の値は，計算開始時からの降雨の累積

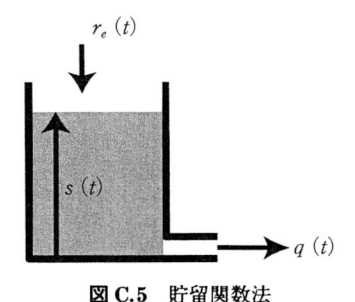

図 C.5 貯留関数法

値が飽和雨量 R_{sa} 以下の場合 $f=0.7$, 飽和雨量以上となった場合 $f=1.0$ などとする. つまり, 降雨の累積値が R_{sa} 以下のときは降雨強度の 7 割が流出に寄与し, R_{sa} を超えた場合は流域全体が飽和して降雨がすべて流出に寄与すると考える. また T_L は遅れ時間とよばれるパラメータであり, 降雨に対する流出の遅れを表現する. このモデルのパラメータは, k, p, f, R_{sa}, T_L となる. これらのパラメータの値を過去の降雨データ, 流量データから決定する.

貯留関数法は非常に簡単な構造であるにもかかわらず, 洪水の再現性が高い. ただし, すべての洪水に対して同じモデルパラメータ値が適用できるとは限らない. とくに R_{sa} は流域の土壌の湿り具合に関連するパラメータであるため, 洪水前の土壌の湿り具合に大きく依存する.

(5) 雨 水 流 法

雨水流の移動を水理学的な連続式と運動式とでモデル化する. 等価粗度法, キネマティックウェーブ法ともよばれる. 連続式, 運動式は以下で表される. 詳しくは第 7 章で解説したとおりである.

$$\frac{\partial h}{\partial t} + \frac{\partial q}{\partial x} = r_e \cos\theta, \quad q = \alpha h^m, \quad \alpha = \frac{\sqrt{\sin\theta}}{n} \tag{C.6}$$

雨水流法では, 図 **C.6** のように河道区分に従って流域を分割し, 分割した流域ごとに図 **C.7** のように矩形斜面で流域をモデル化する. 雨水は最初に斜面を流下し, 次に河道を流下すると考える. モデルパラメータは m と α であり, マニング式から $m=5/3$ が得られ, α は斜面勾配 $\sin\theta$ と等価粗度 n から計算される. これらのパラメータの値は土地被覆状態から推定できるため, 過去に水文データの存在しない流域でもある程度, 流量を推定することが可能である. これらの理

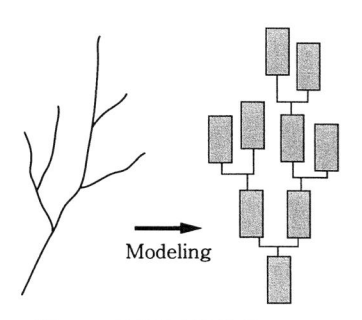

図 C.6 流域分割と流域モデル

由により,雨水流法は物理モデルとよばれる.また,タンクモデルや貯留関数法は独立変数が時間 t の常微分方程式で記述される集中定数系モデルであるが,雨水流法は独立変数が時間 t と空間 x の偏微分方程式で記述され,空間的に変動する水文量を取り扱うことができることから分布型モデル(分布定数系モデル)とよばれる.

式(C.6)で表される流量流積関係式 $q=\alpha h^m$ は地表面流型の式であり,地表面流,中間流,不飽和流など様々な形態を取る斜面流を説明することは難しい.そこで高棹・椎葉[5]は地表面流中間流統合型の流量流積関係式を,椎葉ら[6]はさらに圃場容水量を考慮した流量流積関係式を開発した.また,立川ら[7]は椎葉らの関係式[6]をもとに飽和不飽和流れを考慮した物理性をもつ流量流積関係式を提案した.この流量流積関係式では,図 C.8 に示すように斜面の土層を,重力水が発生する大空隙部分と毛管移動水の流れの場であるマトリックス部分とから構成されると考える.土層厚を D とし,マトリックス部の最大水分量を水深で表した値を d_c,重力水を含めて表層土壌中に存在しうる最大水深を d_s と考え,式(C.7)の流量流積関係式を仮定する.この流量流積関係式(C.7)と連続式(C.8)とから雨水を追跡する.

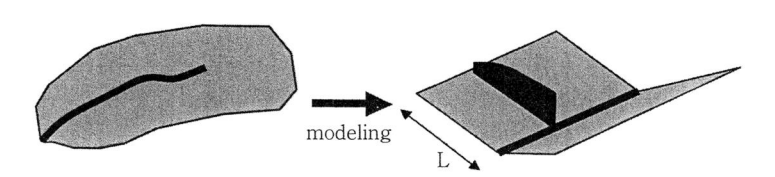

図 C.7 分割流域の矩形斜面によるモデル化

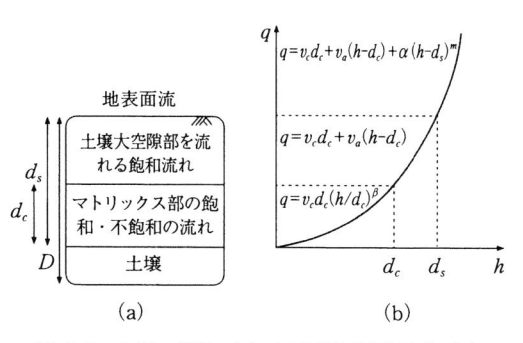

図 C.8 土層の構造(a)と流量流積関係式(b)

$$q = \begin{cases} v_c d_c (h/d_c)^\beta & (0 \leq h \leq d_c) \\ v_c d_c + v_a(h-d_c) & (d_c < h \leq d_s) \\ v_c d_c + v_a(h-d_c) + \alpha(h-d_s)^m & (d_s < h) \end{cases} \quad (C.7)$$

$$\frac{\partial q}{\partial x} + \frac{\partial h}{\partial h} = r \quad (C.8)$$

ここで $v_c = k_c \sin\theta$, $v_a = k_a \sin\theta$, $k_a = \beta k_c$, $\alpha = \sqrt{\sin\theta}/n$ であり,モデルパラメータは流量流積関係式を決定する n, k_a, d_c, d_s, β からなる.n は地表面流に対するマニングの粗度係数,k_a は重力水が卓越する A 層内の飽和透水係数,β は重力水部と不飽和水部との飽和透水係数の比である.この流量流積関係式を用いることにより,長期流出も含めて流出を再現することができる.

参 考 文 献

1) Sharman, L. K.: Storm-flow from rainfall by the unit-graph method, *Eng. News Record*, **108**, pp. 501-505 (1932).
2) 石原藤次郎・高棹琢馬:単位図法とその適用に関する基礎的研究,土木学会論文集,**60** 号別冊 (3-3)(1959).
3) 菅原正巳:流出解析法,共立出版 (1972).
4) 木村俊晃:貯留関数法の最近の進歩,第 22 回水理講演会論文集,土木学会,pp. 191-196 (1978).
5) 高棹琢馬・椎葉充晴:地形パターン関数を導入した洪水流出モデル,第 26 回水理講演会論文集,pp. 217-222 (1982).
6) 椎葉充晴・立川康人・市川 温・堀 智晴・田中賢治:圃場容水量・パイプ流を考慮した斜面流出モデルの開発,京都大学防災研究所年報,**41** (B2), pp. 229-235 (1998).
7) 立川康人・永谷 言・寶 馨:飽和不飽和流れの機構を導入した流量流積関係式の開発,水工学論文集,**48**, pp. 7-12, (2004).

索引

欧文

AMeDAS 36
A層(A-layer) 101
B-β関係 40
Courantの条件 100
Cunnane公式 173
GEV分布 171
Green-Ampt式 87
Gumbel分布 170
Hamon式 64
Hazen公式 173
Horton式 87
Hortonの方法 112
Kalmanフィルタ 149, 150
Kalmanフィルタ理論 151
Lax-Wendroffスキーム 100
Manningの抵抗則 97
Pearson III型分布(ガンマ分布) 171
Penman-Monteith式 62
Penman式 64
Penman法 60
Philip式 87
Richards式 86
SHEモデル 131
SiB 132
SLSC 175
Strahlerの方法 112
Thornthwaite式 64
T年確率水文量 166
Weibull公式 173
Z-R関係 40

ア行

「暖かい雨」(warm rain) 25
圧力水頭 85
アルベド(albedo) 45
アンサンブル予測 144
安定・不安定 26
位数理論 112
一般化極値(GEV)分布 171
ウィーンの変位則 10
雨水流法 195
渦相関法 55
渦粘性係数(eddy viscosity) 50
雨滴粒径分布 39
運動学的手法 143
エアロゾル 29
衛星リモートセンシング 13, 15
エコー強度 38
エネルギーの収支 14
応答モデル 189, 191
オゾン層 9
温位 33
温室効果 13
温室効果気体 14

カ行

開水路流れ 97
——の基礎方程式 95
概念モデル 189, 191
確率過程的状態空間モデル 148
確率過程的予測(洪水の) 150
確率紙 172
確率統計学的方法 165
確率分布 163
確率密度関数 163
確率論的アプローチ 159
確率論的方法 165
可視光 11
河川計画 159, 162
河川整備基本方針 160
河川整備計画 160
河川法 159
河川網(channel network) 93
河川流域(mountainous river basin) 93
河道 3
河道勾配則 113
河道数則 112
河道長則 112
河道面積則 113
河道網 3
河道網構造 111
カルマン定数(Karman constant) 51
乾燥断熱減率 27
観測ノイズ 148
気候モデル 19
気象力学モデル 144
キネマティックウェーブ 99
キネマティックウェーブ法 119
キネマティックウェーブモデル 95
凝結 29
強制復元法 184
極値水文量 161
キルヒホッフの法則 10
空気力学的方法 55
空隙率(porosity) 84
雲物理過程 26, 29
グリッドモデル 127
計画高水流量 160, 162
計画予知 159
顕熱輸送量(sensible heat flux)

46, 72

豪雨　3
降雨予測　143
降水過程　21
高水管理　156
洪水災害　3
降水ナウキャスト　145
洪水の確率過程的予測　150
洪水防御計画　160
洪水予報　152, 154
降水粒子　22
洪水流出のリアルタイム予測　145
豪雪地帯　67
高度分布(積雪の)　70
合理式　191
黒体放射　10
混合距離(mixing length)　50
混合距離理論　49

サ　行

再現確率統計量　166
再現期間(return period)　109, 166
最適計算順序　115
最尤法　164
三角形網モデル　127
3次元降水強度分布　40
山腹斜面　93

紫外線　11
システムノイズ　148
実時間予知　159
湿潤断熱減率　27
遮断(interception)　81
ジャックナイフ法　177
斜面　3
集中化　136
集中定数系モデル　190, 191
樹冠遮断量(interception loss)　81
シュテファン・ボルツマン定数　10, 45
順序統計量　162
準線形偏微分方程式　182
純放射量(netradiation)　45, 71

蒸散(transpiration)　43
状態空間型システムモデル　149
衝突・併合　30
蒸発(evaporation)　43
蒸発効率　57
蒸発散(evapotranspiration)　43
植生指標　16
人工衛星　12
湛水(ponding)　81
浸透(infiltration)　81, 83
浸透能(potential infiltration rate)　81

水文学　1
水文学的追跡法　116
水文統計学　161
水文頻度解析　167
水文頻度解析モデル　167
水文量　161
水理学的追跡法　116
数値気象モデル　31
数値地形モデル　127
数値予報モデル　144
図式推定法　172
スノーサーベイ　69

生起頻度　165
正規分布　163
成層圏　9
静力学的安定　26
赤外線　11
積雪水量(water equivalent of snow)　70
積雪の高度分布　70
積雪・融雪・流出過程　74
積雪・融雪・流出モデル　74
接地境界層　9
線形貯水池モデル　117
潜熱輸送量(latent heat flux)　46, 72

層状性雲　25
相対頻度　162
相変化(phase change)　43
粗度長(roughness height)　51

ソフト対策　153

タ　行

大気境界層　9
大気現象のスケール　23
大気大循環モデル　90
大気の収束　28
大気の窓　12
大気放射　10
対数 Pearson III 型分布　171
対数正規分布　170
対数則　50, 56
対数尤度　164
体積含水率(soil moisture content)　84
ダイナミックウェーブ法　122
太陽放射　44
対流圏　9
対流性雲　25
ダルシー則　85
単位図(unit graph)　106
単位図法　192
短期流出モデル　189, 191
タンクモデル　193
短波放射(short wave radiation)　10
短波放射量　44

地下水位　4
地下水流出(groundwater flow)　94
地下滞水層　3
地球温暖化　19
地球シミュレータ　19
地球上の水の循環　8
地球上の水の量　7
地球大気の鉛直プロファイル　9
地形形状効果　103
地形則　112
地形パターン関数(geometric pattern function)　102
地中への熱流量　46
地表面温度　45
地表面フラックス(surface fluxes)　47
中間流(inter flow)　93

索　引

超過確率　165
長期流出モデル　189, 191
長波放射(long wave radiation)　10
長波放射量　44
貯水池モデル　117
貯留関数法　194

「冷たい雨」(cold rain)　25

ディグリーアワー法　73
ディグリーデイ法　73
抵抗則(Manningの)　97
低水管理　156
電磁波　10
転倒ます形雨量計　36

統計学的方法　162
凍結・昇華・着氷　30
等高線図モデル　127
透水係数(hydraulic conductivity)　83
特性基礎曲線　183
特性曲線　98, 183
特性微分方程式　97, 183
土砂災害　3

ナ　行

熱収支　14, 44
熱収支法　58
熱流量(地中への)　46

ハ　行

ハイドログラフ(hydrograph)　106
白色正規過程　149
ハード対策　153
パラメタリゼーション　32
バルク法　57
バルク輸送係数　57

ピエゾメータ　85
非静力学モデル　32
非超過確率　165

標準最小二乗規準(SLSC)　175
標準正規分布　163
標本ひずみ係数　169
表面流(overland flow)　93

フィルタリング・予測理論　147
不確かさ(予測の)　138
物理モデル　189
ブートストラップ法　177
不飽和浸透　84
不飽和透水係数　85
プランクの法則　10
プロッティング・ポジション　173
分位値　166
分散(予測誤差の)　147
分布型物理流出モデル　125
分布型モデル　195
分布型流出モデル　126, 137
分布定数系モデル　190, 191

平方根指数型最大値分布　171
変異則(ウィーンの)　10

放射平衡　13
放射平衡温度　14
放射率(emissivity)　45
飽和流れ(saturated flow)　83
飽和表面流　101
ボーエン比　58
ボーエン比法(Bowen ratio method)　58
母数　163
母数推定法　168
ホートン型地表流 (Hortonian overland flow)　91

マ　行

摩擦速度　51
マスキンガム-クンジ法　120
マスキンガム法　118
マルチパラメータレーダ　41

水環境　2
水管理　156
水収支法(water balance method)　59
水循環(water cycle)　1
水循環予測システム　138
水防災　2
水利用　2, 3

ヤ　行

融解　31
融解熱　72
有色ノイズ　151
融雪水量　72
尤度関数　164

予測誤差の分散　147
予測の不確かさ　138

ラ　行

落水線網　129
乱流拡散係数(momentum diffusivity)　50
乱流変動法　55
乱流輸送　9

リアルタイム洪水予測　145, 148
陸面過程　23
陸面水文過程モデル　132
リターンピリオド　165, 166
リードタイム　147
流域水循環　3
流出過程(runoff process)　93
流出システム　5
流出のサイクル　5
流量　4

レイノルズ応力(Reynolds stress)　48
レーダ雨量計　37, 143
レーダ反射因子　38
レーダ方程式　38

著者略歴

池淵周一（いけぶちしゅういち）

（1,2,3,5章担当）
- 1943年　兵庫県に生まれる
- 1971年　京都大学大学院工学研究科博士課程修了
- 現　在　京都大学名誉教授
　　　　　工学博士

椎葉充晴（しいばみちはる）

（7章, 付録A, B担当）
- 1949年　長崎県に生まれる
- 1974年　京都大学大学院工学研究科修士課程修了
- 現　在　京都大学大学院工学研究科教授
　　　　　工学博士

宝　馨（たからかおる）

（10,11章担当）
- 1957年　滋賀県に生まれる
- 1981年　京都大学大学院工学研究科修士課程修了
- 現　在　京都大学防災研究所教授
　　　　　工学博士

立川康人（たちかわやすと）

（4,6,8,9章, 付録C担当）
- 1963年　岐阜県に生まれる
- 1989年　京都大学大学院工学研究科修士課程修了
- 現　在　京都大学大学院工学研究科准教授
　　　　　博士（工学）

エース土木工学シリーズ
エース水文学

定価はカバーに表示

- 2006年 2月25日　初版第1刷
- 2006年12月15日　第2刷（一部訂正）
- 2025年 3月25日　第15刷

著　者　池　淵　周　一
　　　　椎　葉　充　晴
　　　　宝　　　　　馨
　　　　立　川　康　人
発行者　朝　倉　誠　造
発行所　株式会社　朝　倉　書　店
　　　　東京都新宿区新小川町6-29
　　　　郵便番号　162-8707
　　　　電　話　03(3260)0141
　　　　FAX　03(3260)0180
　　　　https://www.asakura.co.jp

〈検印省略〉

©2006〈無断複写・転載を禁ず〉　印刷・製本　デジタルパブリッシングサービス

ISBN 978-4-254-26478-4　C 3351

JCOPY 〈出版者著作権管理機構　委託出版物〉

本書の無断複写は著作権法上での例外を除き禁じられています．複写される場合は，そのつど事前に，出版者著作権管理機構（電話03-5244-5088, FAX 03-5244-5089, e-mail: info@jcopy.or.jp）の許諾を得てください．

好評の事典・辞典・ハンドブック

物理データ事典	日本物理学会 編	B5判 600頁
現代物理学ハンドブック	鈴木増雄ほか 訳	A5判 448頁
物理学大事典	鈴木増雄ほか 編	B5判 896頁
統計物理学ハンドブック	鈴木増雄ほか 訳	A5判 608頁
素粒子物理学ハンドブック	山田作衛ほか 編	A5判 688頁
超伝導ハンドブック	福山秀敏ほか 編	A5判 328頁
化学測定の事典	梅澤喜夫 編	A5判 352頁
炭素の事典	伊与田正彦ほか 編	A5判 660頁
元素大百科事典	渡辺 正 監訳	B5判 712頁
ガラスの百科事典	作花済夫ほか 編	A5判 696頁
セラミックスの事典	山村 博ほか 監修	A5判 496頁
高分子分析ハンドブック	高分子分析研究懇談会 編	B5判 1268頁
エネルギーの事典	日本エネルギー学会 編	B5判 768頁
モータの事典	曽根 悟ほか 編	B5判 520頁
電子物性・材料の事典	森泉豊栄ほか 編	A5判 696頁
電子材料ハンドブック	木村忠正ほか 編	B5判 1012頁
計算力学ハンドブック	矢川元基ほか 編	B5判 680頁
コンクリート工学ハンドブック	小柳 洽ほか 編	B5判 1536頁
測量工学ハンドブック	村井俊治 編	B5判 544頁
建築設備ハンドブック	紀谷文樹ほか 編	B5判 948頁
建築大百科事典	長澤 泰ほか 編	B5判 720頁

価格・概要等は小社ホームページをご覧ください.